城町
FOR

はじめに

私は1950年代中頃から鉄道車輌の撮影を始めた。主に旧型国電を対象にしていたが、撮れる車輌はなんでも撮っておくという主義で撮影を続けてきた。その結果、国鉄の「標準設計電車」のほかに「私鉄買収国電」のネガが含まれていた。この時代、これらの車輌はまだ買収当時の形態を多分に残しており、後の「更新修繕」も未施工だったことから、今では貴重な記録となった。今回はこれらの車輌の姿を中心に、その後の私鉄へ譲渡された後の姿も併せて掲載し、その変貌ぶりもお目に掛けたい。

なお、当時まだ学生であった身で、旅行の時期や期間も限られ、買収車輌を撮影した線区も買収線区のほんの一部の、仙石・大糸・阪和・飯田の4線に過ぎない。また今では想像できないが、フィルムの入手難や価格が高価だったことから、撮影枚数も限られていた。そのため不足する部分は、多くの先輩、友人に写真をご提供いただくとともに、併せて廃車後に払い下げられて、再び「私鉄車輌」となった姿も掲載することとした。

戦時買収が行われてからすでに75年余が過ぎ「令和」の時代となった現在、「昭和」時代の前半期は、はるか昔のこととなった。太平洋戦争の準備段階で行われた「戦時買収」も、国鉄がJRとなってすでに30年余を経過し、忘れ去られようとしている。現在のJR幹線に成長した私鉄買収線区の車輌たちのかつての面影を、その一部でも偲んでいただければ、筆者の幸いとするところである。

松本駅で発車を待つモハユニ3100＋モハ1102＋クハ5100（旧モハユニ21・モハ20・クハ29形）。“木造省電型・初代20系”オールスターキャストの3輌編成。 1954.3.5 大糸線 松本

1.「私鉄買収国電」とは

国有鉄道は明治の創業時の「鉄道作業局」から、「鉄道院」・「鉄道省」、太平洋戦争中の「運輸省」・「運輸通信省」、そして戦後の1949年の公共企業体「日本国有鉄道」と、形態や名称を変えて経営されてきた。その間政府の方針により、多くの民営鉄道(私鉄)の路線を買収して線路延長を増やしてきた。

その目的は、①全国的な鉄道ネットワーク構築のための、建設予定線部分の買収、②産業の振興策としての重要港湾輸送や原材料輸送路の確保、③鉄道を重要な軍事施設とみなし、軍隊の移動手段の確保、④経営不振等の問題を抱える鉄道の救済、などであった。

私鉄の買収は、1906(明治39)年に制定された「鉄道国有法」に基づく第一次のものは、①の予定線が対象であったが、1938(昭和13)年の「陸上交通事業調整法」、さらに1940(昭和15)年の太平洋戦争遂行のための「改正陸運統制令」に基づく1943・1944(昭和18・19)年の第二次買収は、強制的なものであった。

買収された私鉄は全国の14社で、車輌は電車だけでも85形式337輌もともに買収の対象となった。これらの買収車輌は当然その規格・性能も異なり、なかには当時の鉄道省の電車を凌駕する性能を持つ、南海鉄道(旧阪和電鉄)のような車輌がある一方で、小型車体で600Vポール集電の広浜鉄道の車輌など、まさに千差万別であった。

称号改正で整理・地方転出

初期買収の3社(広浜・信濃・富士身延)では、買収時に国鉄の制式称号が与えられたが、これら3社以外の戦時買収の車輌は、混乱期であったこともあり、従来の形式・番号がそのまま使用された。そのため戦後買収線区間の車輌移動により、転出先の線区において前身の異なる同形式車の出現などが発生することもあった。そこで1953(昭和28)年6月の「形式称号改正」に際して、私鉄買収車は鉄道省型木造車等と共に4桁の「雑型」にまとめられ、旧会社別に整理された。

買収線区は施設も国鉄の規格より低いものが多く、都市部の輸送量の多い線区から次第に改良が進められた。また、東京周辺の南武線・青梅線・鶴見線と、仙台地区の仙石線などは、住宅地化や工場の進出等による輸送力増強の必要性と保守・管理上の問題から、急

飯田線モハ1200形(旧富士身延鉄道)。飯田線北部の旧伊那電鉄区間(1200V)に集結した旧モハ93一統は、ここが最後の活躍であった。
1953.9 飯田線 伊那本郷—七久保

速に17m級国鉄型電車が進出した。また、長距離区間である身延・飯田の両線では、車種整理のために横須賀線・阪和線等から転出の２扉クロスシート車が配置された。そして、これらの線区で使われていた比較的まとまった輌数の私鉄買収車は、地方の線区の雑多な車輌の置換え用に転出して行った。

2. 買収私鉄は全国14社

以下に買収された14社の路線と車輌の概要を示す。

表1 私鉄買収路線一覧表

旧会社名	買収年月日	キロ程	買収後路線名	車輌		1953.6 称号改正時輌数	1953.6改正後代表形式※		現路線所属・備考
				形式数	輌数		電動車	制御車・附随車	
広浜鉄道	1936.9.1	13.7km	可部線	3	9	0	（モハ1000）	―	JR西日本
信濃鉄道	1937.6.1	35.1	大糸南線	3	10	8	モハ1100 モハユニ3100	クハ5100	JR東日本（大糸線）
富士身延鉄道	1941.5.1	88.4	身延線	4	27	17	モハ1200	クハニ7200	JR東海
宇部鉄道／ 宇部電気鉄道	1943.5.1	34.6	宇部東線	9	16	8	モハ1300	クハ5300	JR西日本（宇部線）
小野田鉄道		11.3	宇部西線	―	―	―	―	―	JR西日本（小野田線） 買収時非電化
富山地方鉄道富岩線	1943.6.1	8.0	富山港線	3	6	0	―	（クハ5400）	富山ライトレール
鶴見臨港鉄道	1943.7.1	13.0	鶴見線	12	41	23	モハ1500	クハ5500	JR東日本
豊川鉄道	1943.8.1	27.9	飯田線	7	20	11	モハ1600	クハ5600	JR東海
鳳来寺鉄道	1943.8.1	17.6		2	2	1	モハ1700	―	
三信鉄道	1943.8.1	67.1		2	9	5	―	クハ5800	
伊那電気鉄道	1943.8.1	79.4		9	29	18	モハ1900	クハ5900	
南武鉄道	1944.4.1	39.6	南武線	7	41	21	モハ2000	クハ6000	JR東日本
青梅電気鉄道	1944.4.1	37.2	青梅線	7	24	6	―	クハ6100	JR東日本
阪和電鉄 →南海鉄道（山手線）	1944.5.1	63.0	阪和線	9	75	74	モハ2200 モニ3200	クハ6200	JR西日本
宮城電気鉄道	1944.5.1	50.3	仙石線	9	24 +4	22	モハ2300	クハ6300	JR東日本 +4輌は国有化後に落成
14社			車輌数合計	85形式	337輌	214輌			

※改正後称号形式のうち、4桁番号の下2桁が異なる各形式は、各社別の記事を参照いただきたい。
注：買収車輌数は電車に限定しており、機関車・客車・貨車は含まない。

3. 買収後の車輌の動き

私鉄買収車は、一部には省・国鉄型機器への取替が行われた車輌もあったが、その数は少なく、保守上の問題から嫌われ者の存在となり、車齢の高まりもあって1950（昭和25）年頃から廃車が始まった。例外は阪和線の旧阪和電鉄車で、全車が更新修繕を受けて省型機器を搭載し、1959（昭和34）年の称号改正の際には国鉄の制式称号モハ20系（三代目）を名乗り、国鉄型に伍して1968（昭和43）年まで活躍した。

■買収線区同士で転属

買収国電のうち、比較的輌数の多かった宮城・南武・鶴見臨港・富士身延・伊那などの車輌は、17m級国鉄型車輌の進出とともに他の買収線区に移動して、低規格路線の雑多な小型車輌を淘汰し、設備の改良と合わせて輸送力の強化に貢献した。富山港線・宇部線・可部線・飯田線（北部）等がこれにあたる。

■老朽廃車と私鉄払い下げ

戦後の復興が進み、車輌の需給にも余裕が出てきた1950年代から廃車が始まった。1953（昭和28）年6月に行われた国電の「形式称号改正」時に、４桁の形式番号を制定されたのは214輌で、多くの車輌がそれ以前に廃車されている。その後も、車齢の高まり、保守作業の合理化、買収線区への20m級国鉄型車輌の進出などで廃車が進んだ。なお、廃車された買収国電は比較的小型で地方私鉄にとっては手頃で使いやすいことから、払い下げを受けて再び私鉄車輌となったものも多数あり、なかには1990年代まで活躍した車輌もあった。

4. 私鉄買収線区とその車輌

仙石線モハ801(後のモハ2320、左)と丸屋根改造直後のモハ30160。戦後の仙石線には他の買収線区と同様17m級国電が進出し、社型車輌とともに活躍していた。
1953.3.30　陸前原ノ町

4.1　宮城電気鉄道(→JR東日本 仙石線)

仙台都市圏の仙石線は、先の大きな災害からの復興も成り、新たなルートの「東北・仙石ライン」も加えて、今や通勤・観光の両面において重要な地域輸送の線区となった。

その前身は、1925(大正14)年に仙台～西塩釜間14.9kmで開業した「宮城電気鉄道」である。同社は翌年に本塩釜、1927(昭和2)年に松島公園(現・松島海岸)、1928(昭和3)年には石巻まで延長して全線開業した。同社は先進的な設備を採用し、直流1,500V、37kgレール(一部は50kg)、始発の仙台駅は東北本線の地下に新たにトンネルを掘り、地下駅を設置して連絡した。この地下線は東京メトロ銀座線より2年早く、わが国初のものであった。この地下駅は戦後の駅東口開設に伴い地上に移設されたが、地下ルートは連絡通路として使用された。2000(平成12)年に新しく「仙台トンネル」が造られて「あおば通り」まで延長され、再び仙石線は地下ホーム使用となった。

開業後は「昭和恐慌」の影響で営業不振だったが、1935(昭和10)年頃から回復し、沿線に陸軍造兵廠、海軍工廠、飛行場等の軍事施設が設置され、工員や物資輸送で活況を呈した。このため1944(昭和19)年に買収の対象とされ、機関車2輌・電車28輌が国鉄車輌となった。戦後は旧型車の廃車と、宇部線・富山港線・可部線などへの転出が行われたが、車齢の若いモ

仙石線モハ812(後のモハ2329)。モハ810形は801形と比べて客用扉幅が1,100mmに拡大(手動扉)、自連付きで運用は区別されていた。
1953.3.30　陸前原ノ町

仙石線クハ6310(旧宮城電鉄クハ401)。国鉄で廃車後に、払い下げを受けた日立電鉄に向けて大栄車両での整備のため回送待ちと思われる。　1961.3　津田沼電車区　P：宇野　昭

大井川鉄道クハ2829。8頁のクハ502(旧宮城モハ602→国鉄モハ2310)が後に名鉄ク2829の車体に乗せ替えられたもの。
1995.6.17　新金谷

ハ801・810形は国鉄型機器・台車に換装され、運転室の片運化・拡張などを施工の上、転入した17m級国鉄型車輛とともに1960年代まで使用された。なお、モハ810形は買収以前に発注されていたが、戦時中の資材と技術者の不足で工期が伸び、納車されたのは1946(昭和21)年と、国鉄になってからであった。

同線は1956(昭和31)年10月に全国初の「管理所」制が採用された。1962(昭和37)年4月1日現在の配置車輛は、国鉄型41輛(クモハ12形３輛、クモハ11形23輛、クハ16形５輛、クハニ19形10輛)、社型５輛(クモハ2320・2330・2340、クハ6340・6341、自連・手動ドア)の46輛で、一般形気動車色に塗装されていた。編成は最大５輛編成だったが、20m級の転入後は４輛編成となった。セミクロスシートのモハ54・クハ68、モハ70などがウグイス色で快速列車に活躍し、さらに72系、103・105系に代わり、現在は205系3100番代が使用されている。なお、東北・仙石ライン用のHB-E210形は、新造された同線オリジナルの専用形式である。

私が仙石線を初めて訪れたのは1953(昭和28)年3月末の、みぞれの降る日のことだった。当時モハ34(→クモハ12形0番代)が連合軍専用車(AFS)解除後に、半室2等車として使用されていたのを撮影するのが目的だった。当時の車輛基地だった陸前原ノ町電車区には、モハ34のほか、丸屋根改造を受けたばかりのモハ30(→クモハ11形100番代)、クハ38(クハ16形100番代)に伍して、モハ801・810形の活躍する姿が見られた。

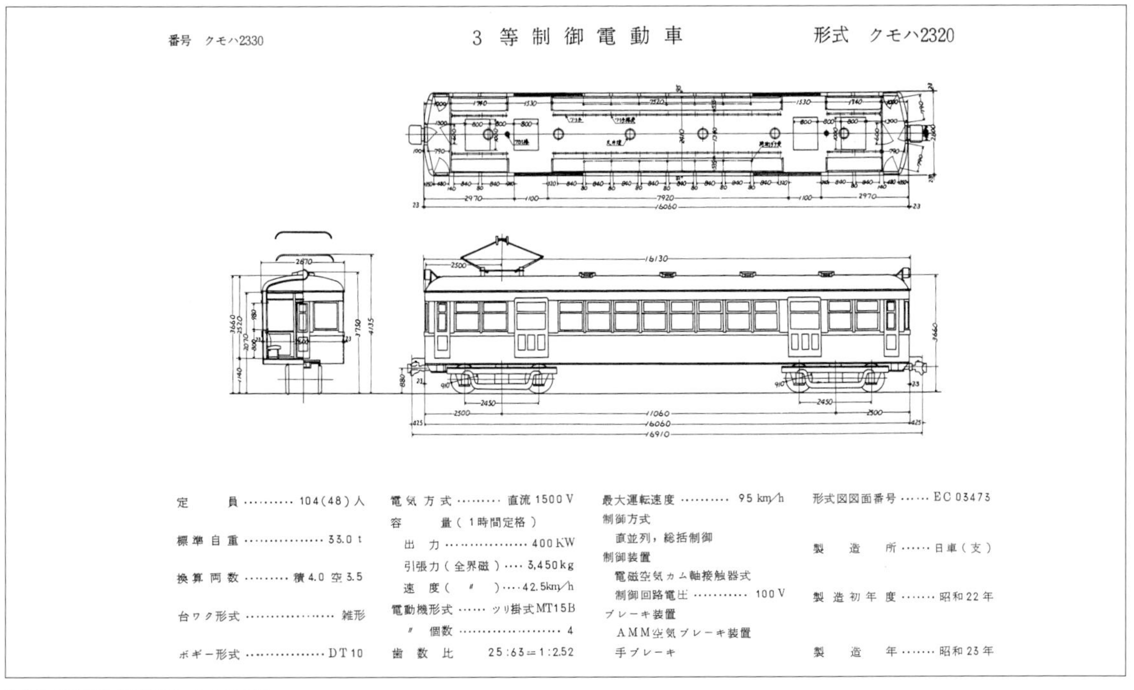

車輛竣工図表 国鉄クモハ2320形

大井川鉄道クハ502。旧宮城電鉄モハ602→鉄道省モハ2310(1954年に廃車)が払い下げられた車輌で、後に名鉄ク2829(5頁写真)の車体に交換された。
1966.9.23　千頭　P：風間克美

■私鉄買収国電一覧表 宮城電気鉄道

形　式	製造年	構造	輌数	買収時車号	改正後称号	改造・称号改正	廃車	譲渡時称号	譲渡先・称号	改造等	廃車	備　考
モハニ101	1925	木造鋼板張り	3	モハニ101	—	—	1949	モハニ101	弘南モハ21	→モハ2220	1961	1944　片運化
				モハニ102→クハニ102	クハニ7300	—	1954	—	—		—	1944年片運クハニ化
				モハニ103→クハニ223	クハニ7301	—	1955	—	—		—	1944年クハ代用片運化 1949年クハニ化
モハニ201	1925	木造鋼板	1	モハニ201	—	—	1949	—	—	—	—	製造時 特等デホロハニ
モハ220	1925	木造	1	クハ220	クハ6300	—	1955	クハ6300	新潟クハ38	→モハ18	1962	製造時 特等デホロハニ →デホハニ→モテハ220
モハ501	1928	半鋼	2	モハ501	クハ6321	—	1956	—	—	—	—	1952年クハ化
				モハ502	クハ6320	—	1954	—	—	—	—	1953年クハ化
モハ601	1928	半鋼	2	モハ601	クハ6330	—	1956	—	—	—	—	1951年片運クハ化
				モハ602	モハ2310	—	1954	モハ2310	大井川クハ502	名義 クハ2829	1972	
モハ801	1937	半鋼	7	モハ801	モハ2320	—	1964	—	—	—	—	←クハ電装 AFC指定
				モハ802	モハ2321	—	1957	—	—	—	—	←クハ電装 AFC指定
	1944			モハ803	モハ2322	—	1958	—	—	—	—	更新時クロスシート化・扉拡幅
				モハ804	モハ2323	—	1958	—	—	—	—	
				モハ805	モハ2324	→クハ6340	1964	—	—	—	—	
	1941			モハ806	モハ2325	→クハ6341	1964	—	—	—	—	←クハ881
				モハ807	モハ2326	—	1965	—	—	—	—	←クハ882 晩年は幡生工場入換用
(モハ810)	1946	半鋼	4	モハ810	モハ2327	クモハ2340	1964	—	—	—	—	落成は買収後※1
				モハ811	モハ2328	クモハ2341	1962	—	—	—	—	落成は買収後
				モハ812	モハ2329	クモハ2342→クハ6342	1962	—	—	—	—	落成は買収後 1957年クハ化
				モハ813	モハ2330	—	1964	—	—	—	—	落成は買収後
モハ901	1922	木造	1	モハ901	—	—	1951	—	—	—	—	←省 モハ1050 両運転台化
クハ301	1926	木造	3	クハ301	—	—	1951	クハ301	高松琴平210	—	1968	—
				クハ302	—	—	1952	クハ302	高松琴平220	→鋼体化 67		宮城時代：クハ←サハ
				クハ303	—	—	1952	クハ303	高松琴平230	→鋼体化		宮城時代：クハ←サハ
クハ401	1927	半鋼	2	クハ401	クハ6310	—	1961	クハ6310	日立クハ6310	3扉　貫通化		宮城時代：クハ←テサハ※2
				クハ402	クハ6311	—	1959	—	—	—	—	宮城時代：クハ←テサハ
クハニ701	1928	半鋼	2	クハニ701	クハニ7310	—	1957	—	—	—	—	宮城時代：クハニ←テサハニ
				クハニ702	クハニ7311	—	1957	—	—	—	—	宮城時代：クハニ←テサハニ

※1　会社時代に発注した4輌は資材不足で、落成は買収後となった。
※2　記号の「テ」は、展望室(松島観光用に1933年から1941年まで設置)。

4.2　青梅電気鉄道(→JR東日本 青梅線)

1944(昭和19)年に青梅電気鉄道を買収した青梅線の前身は、1892(明治25)年に石灰石採掘を兼業として創立された「青梅鉄道」である。同社は1894(明治27)年に立川～青梅間を762mm軌間の蒸気鉄道として開業した。1898(明治31)年には旅客列車の運転を開始し、路線も1920(大正9)年に二俣尾、1929(昭和4)年には御嶽までの27.2kmの開通を見た。立川駅における貨物の積み替えを省き、貨車の直通を行うため、1908(明治41)年に1,067mm軌間に改軌した。1923(大正12)年に直流1,200V電化が行われ、社名を「青梅電気鉄道」に変更した、その後中央本線の立川電化に合わせて、1930(昭和5)年に1,500Vに昇圧している。電車運転は電化時から開始され、木製客車ホハ1形改造のデハ1～3が使用された。御嶽までの開通は新たな観光需要を生み、1934(昭和9)年からは新宿から直通の、行楽臨時電車の運転も開始された。

戦時体制が進むと、セメントの原料である石灰石は重要な資源となり、その輸送ルート確保のため、南武鉄道とともに戦時買収の対象となった。また、御嶽～氷川(現・奥多摩)間の延長工事も進められ、この免許を持っていた奥多摩電鉄も同時に買収して1944(昭和19)年7月に開通した。なお、戦時中は沿線にあった軍の立川飛行場(今の昭和記念公園など)の側の視界を遮るため、窓ガラスをペンキで塗り潰す措置が行われ

富士山麓電気鉄道ロハ901(旧青梅電鉄モハ103)。払い下げ後は小糸製作所で改造、占領軍用に客室の1/3に白帯を巻き専用室とされた。解除後は青帯の2等室となり、その後は格下げ使用された。　1957.11　富士吉田

総武流山電鉄クハ53。富士山麓ロハ901を1968年の廃車後に西武所沢工場が引き取り、クハ化、乗務員扉設置、連結面側の貫通化、TR10化等の整備改造ののち、総武流山鉄道に売却されたもの。1981年まで活躍した。　1973.4.30　流山

小湊鉄道キハ6100(旧青梅電鉄モハ102)。電車から気動車になった変わり種で、キハ6101と2輌が存在した。同社ではこの後、旧三信鉄道のキハ5800形2輌も在籍していた。
1973.1.6　五井機関区

ていた。

戦後は青梅までの区間の宅地化が急速に進み、17m級国鉄型車輌に置き替えられた。さらに20m級３扉車、72系、101系、103系、201系へと変わり、現在はE233系の「青梅特快」・「ホリデー快速」などが中央線・五日市線と一体的に運用されているが、青梅以遠は運用が分離され、４連で運転されている。2019(平成31)年3月改正で従来の〈青梅ライナー〉が、E353系による特急〈おうめ〉に変わった。JR八王子支社は、同線の愛称を"東京アドベンチヤーライン"と定め、御嶽・奥多摩両駅のリニューアルを行い、観光客誘致を進めている。

■青梅電気鉄道の車輌

買収した車輌は、７形式24輌だったが、老朽化が激しく、また主電動機の支持方式・制御機器が国鉄型と異なることから、いち早くクハ化された。称号改正時に改番の対象として残ったのは６輌に過ぎず、それ以前に４輌が五日市線の客車代用に、残りは廃車されている。

廃車された車輌は、小湊鉄道・富士山麓鉄道(現・富士急行)・相模鉄道に払い下げられた。小湊の２輌は気動車化されてキハ6100形となった。富士山麓では２輌のうち１輌が半室占領軍専用室付きのロハ301となり、解除後も2・3等車として使用された。後年流山に再譲渡されクハ53となった。相鉄では電機の代用として貨車けん引に使用後、旅客用に改造された。

私が青梅線を訪れたのは、戦後にハイキングでのことだったが、社型車輌はすでに淘汰され、17m級国電の天下だった。この線でも立川基地の関係で、モハ50形(→クモハ11 400代)が半室連合軍専用車になった後、２等車で残っていたのが珍しかった。

富士山麓電気鉄道モハ603(旧青梅電鉄クハ703)。旧クハ700形３輌は省雑型木造客車の鋼体化で、サハで登場し、すぐにクハ化された。1950年に富士山麓に譲渡されモハ22→モハ603、その後改番されてモハ3605となった。
1964.6　富士吉田

上毛電気鉄道クハ501（旧青梅電鉄モハ503）。上毛電鉄に譲渡された1輌はクハ化され、クハ501となった。同社オリジナルのデハニ51と編成を組む。塗色は黄色一色であった。
1974.9.15　大胡—樋越

■私鉄買収国電一覧表 青梅電気鉄道

形　式	製造年	構造	輌数	買収時車号	改正後称号	改造・称号改正	廃車	譲渡時称号	譲渡先・称号	改造等	廃車	備　考
ホハ1→ デハ1→ モハ1000	1921	木造 ダブル ルーフ	3	モハ1001	ナハ2331	ナヤ6571→ ナヤ2651	1961	—	—	—	—	鋼板張り補強
				モハ1002→ クハ1002	—	事故	1949	—	—	—	—	鋼板張り補強　電装解除
				モハ1003→ クハ1003	—	井の頭線貸出し	1949	—	—	—	—	鋼板張り補強　電装解除
デハ100→ モハ100	1926	半鋼	6	モハ101	—	→クハニ101 事故	1951	—	—	—	—	
				モハ102	クモハニ102→ クハ102→ クハ6100		1955	クハ6100	気動車化→ 小湊キハ6100	—	1976	
	1928			モハ103	—	クハ化 客車代用	1948	モハ103	富士山麓ロハ300→ ロハ901→ 流山クハ53	—	1981	
				モハ104	クモハニ104→ クハ104→ クハ6101		1955	クハ6101	気動車化→ 小湊キハ6101	—	1978	
				モハ105	ナハ2330	ナヤ6580→ ナヤ2650	1961	—	—	—	—	
				モハ106	—	—	1949	モハ106	相鉄モワ3→ モハ2014	機器→モハ2104	1970	
デハ500→ モハ500	1930	半鋼	8	モハ501	—	—	1949	モハ501	相鉄モハ2011	機器→モハ2105	1971	電装解除
				モハ502	—	—	1949	モハ502	相鉄モワ1 →モハ2012	機器→モハ2103	1970	電装解除
				モハ503	—	—	1948	モハ503	上毛クハ501	—	1979	電装解除
				モハ504	—	サハ扱い	1949	モハ504	相鉄クハ2506→ クニ2506	→日立クハ2504	1991	電装解除
クハ500→ モハ500	1940	半鋼		モハ505	クハ6111	—	1955	—	—	—	—	
				モハ506	—	事故	1949	モハ506	相鉄モワ4→ モハ2013	車体→ 伊予モハ431→ サハ531	1990	資材不足でクハで出場 1942年電装
	1941			モハ507	クモハニ→ クハ507→ クハ6112	—	1956	—	—	—	—	資材不足でクハで出場 1943年電装
				モハ508	クモハニ→ クハ508→ クハ6110	—	1959	—	—	—	—	
クハニ1→ クハ1	1924	木造	2	クハ1	五日市線用 ナハ2323	—	1949	—	—	—	—	1933年クハ化
				クハ2	—	—	1948	—	—	—	—	1933年クハ化
デハ4→ クハ4	1924	木造	1	クハ4	五日市線用 ナハ2324	—	1949	—	—	—	—	
サハ700→ クハ700	1941	半鋼	3	クハ701	—	事故	1951	クハ701	相鉄クハ2507	機器→クハ2601	1970	旧省ホヤ6703鋼体化
				クハ702	クハ6120	—	1956	—	—	—	—	旧省ホハユニ4053鋼体化
				クハ703	—	事故	1949	クハ703	富士山麓モハ22	→モハ603→ モハ3604→ モハ3605	1978	旧省ナユニ5420鋼体化
サハ1	1919	木造	1	サハ10	—	戦災	1946	—	—	—	—	旧省サハ19013

モハ2010と2020(旧南武鉄道)。富山港線は、ファンの間で"社型の宝庫"と言われ、買収した小型車6輌が消えた後は鶴見・伊那・宮城などの社型が相次いで転出入した。この時代は旧南武車が主力。　1961.5.7　城川原　P：宇野　昭

4.3　南武鉄道(→JR東日本 南武線)

多摩川の砂利を採取し、川崎の埋め立て地に輸送することを目的に設立されたが、その後浅野財閥の出資を受け、奥多摩で産出されるセメント原料の石灰石を、京浜工業地帯にある浅野セメントや日本鋼管などへ、青梅鉄道、五日市鉄道と合わせて一貫輸送することも目的となった。1927(昭和2)年に川崎～登戸間、1929(昭和4)年登戸～立川間が開通し、五日市鉄道と接続、青梅鉄道とも連絡運輸を開始した。

翌1930(昭和5)年には尻手～浜川崎間の開通で鶴見臨港鉄道と接続し、奥多摩から川崎臨港部への輸送ルートが完成した。旅客は電車輸送だが、貨物は電機・蒸機併用だった。1940(昭和15)年には五日市鉄道(非電化)を合併し、一貫輸送が強化された。石灰石輸送の貨物列車は同線の重要な使命で、ED16・EF10・EF15・EF64 0・EF64 1000の各形式が活躍した。

南武線沿線は、戦前は梨畑を中心とした田園地域であったが、1930年代中頃から川崎側に通信機器などの工場進出が目覚ましく、通勤輸送も重要な使命となった。1944(昭和19)年に青梅鉄道、五日市鉄道、鶴見臨港鉄道とともに、戦時重要路線として買収された。戦後は住宅地化が急速に進み、また電気・電子機器工場の建設により、通勤客が急増し、社型車輌は戦後いち早く一掃された。1947(昭和22)年に国鉄型車輌の導入にあたっては、車幅の狭い車輌限界を改築する必要があり、逼迫した輸送力増強のため、改築工事期間中に国鉄車輌を小田急線(当時は東急)に入れ、小田急の1600形が南武線で一時使用された。その後も当初の17m級から3扉20m級に、さらに4扉72系、101系、103系、205・209系を経て、現在は専用のE233系8000番代が活躍、昭和時代に一度は廃止された快速

流山電気鉄道モハ103(旧南武鉄道モハ106)。この時代、常磐線沿線は、都市化が進んでおらず、北千住を過ぎるとまだ田園風景が広がっていた。　1957.11　馬橋—幸谷

総武流山電鉄モハ101(旧南武鉄道モハ107)。同社は1949年の電化時に旧南武モハ100形3輌を譲り受けてモハ101～103となった(1955年にモハ105を増備)。　1975.9.14　流山

クモハ2008(旧南武鉄道モハ160)。片運・全室化、車掌側乗務員扉新設、PS13化が行われた。1959年の改番で片運車はクモハ2010形とされた。　1961.5.7　城川原電車区　P：宇野　昭

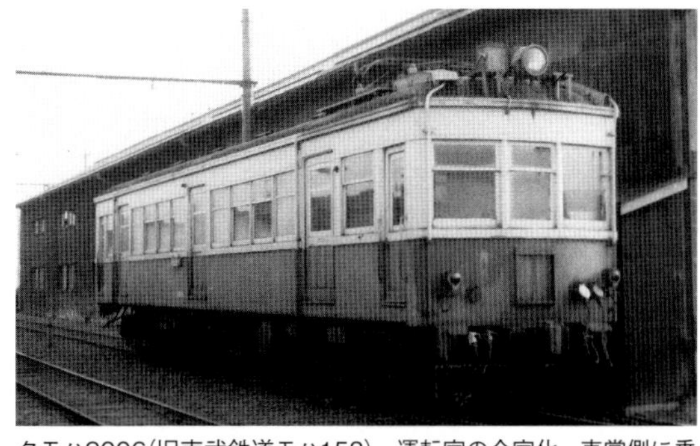

クモハ2006(旧南武鉄道モハ158)。運転室の全室化、車掌側に乗務員扉設置、2エンド側貫通化・幌取付、雨樋取付が施されている。塗色はクリームとブルー。　1961.5.7　城川原電車区　P：宇野　昭

運転も復活のうえさらに区間が拡大されている。

■南武鉄道の車輌

南武鉄道の車輌は、主力のモハ100形が車長14mの２扉と小型で、最大のモハ500形増備車でも17mであった。

○モハ100形

15輌が製造された。詳細は本誌226巻『南武鉄道モハ100形 15輌のはなし』参照。

○モハ150形

1941(昭和16)年製の３扉17m級、ドア間の窓４枚、片隅式運転台のいわゆる"関東型"車輌で、15輌が製造された。1953年の称号改正でモハ2000・クハ6010形となり、富山港線・可部線に転出して両線の車種の整理を図った。

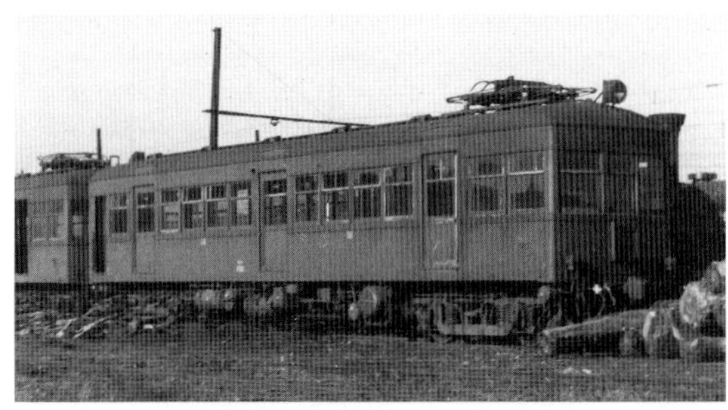

モハ152。モハ150形は17m級3扉・ドア間客室窓4枚、片隅式両運転台、片側(車掌側)座席は最前部までという、いわゆる"関東私鉄型"であった。　1951.3　大井工場

○モハ500形

廃車された木造国電の台枠や機器を流用、車体を新製した車輌で、製造は二次に亘り、形態が異なっていた。

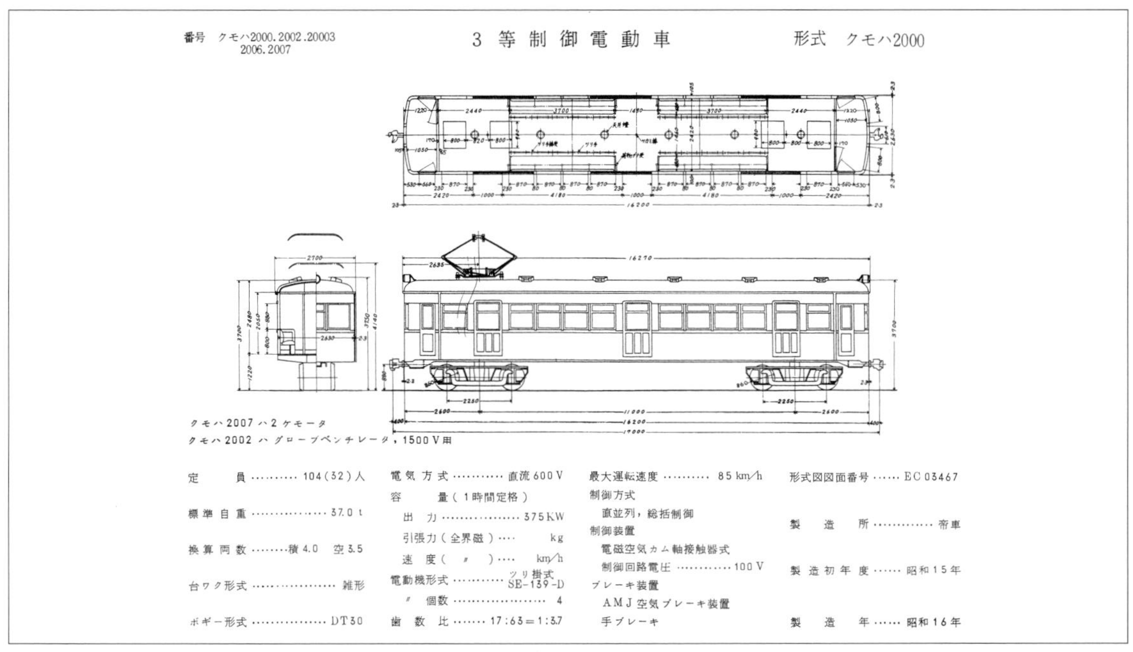

番号　クモハ2000.2002.20003
2006.2007

3 等 制 御 電 動 車

形式　クモハ2000

クモハ2007 ハ2 ケモータ
クモハ2002 ハ グローブベンチレータ，1500V用

定員……104(32)人
標準自重……37.0 t
換算両数……積4.0　空3.5
台ワク形式……雑形
ボギー形式……DT30

電気方式……直流600V
容量(1時間定格)
出力……375KW
引張力(全界磁)……kg
速度(〃)……km/h
電動機形式……ツリ掛式 SE-139-D
〃 個数……4
歯数比……17:63＝1:3.7

最大運転速度……85km/h
制御方式
直並列，総括制御
制御装置
電磁空気カム軸接触器式
制御回路電圧……100V
ブレーキ装置
AMJ空気ブレーキ装置
手ブレーキ

形式図図面番号……EC03467
製造所……帝車
製造初年度……昭和15年
製造年……昭和16年

車輌竣工図表 国鉄クモハ2000形

富山湾線クモハ2020(旧南武鉄道モハ505)。旧モハ500形は、モハ150形とは客用扉および窓配置が異なるため、モハ2020番代に区分された。 1961.5.7 城川原 P：宇野 昭

2エンド側から見たクモハ2021(旧南武モハ506)。運転室の片運・全室化、撤去運転台扉の前部車掌側移設、雨樋取付が施工されている。 1961.5.7 城川原電車区 P：宇野 昭

可部線クハ6011(旧南武鉄道クハ250、後の伊豆箱根鉄道クハ27)。モハ150形と同系の制御車。乗務員扉増設・雨樋取付が行われ、可部線で使用された。 1962.1.1 横川 P：宇野 昭

参考：販売車ナル2753(旧南武サハ301→ナハ2322→ナヤ6595)。旧省客車の台枠に1942年、釧路工場で車体新製したもので、買収では客車とされ、五日市線で使用された。 1954.2.7 錦糸町客車区

■私鉄買収国電一覧表 南武鉄道

形式	製造年	構造	輌数	買収時車号	改正後称号	改造・称号改正	廃車	譲渡時称号	譲渡先・称号	改造等	廃車	備考
モハ100	1926	半鋼	15	モハ101	—	1945年クハ代用	1951	モハ101	東濃クハ201	高松琴平81	1998	
				モハ102	—	1945年クハ代用	1949	モハ102	東濃クハ202	高松琴平82	1983	
				モハ103	—	1945年クハ代用	1949	—	—	—	—	
				モハ104	—	1945年クハ代用	1951	モハ104	東濃クハ203	高松琴平73	1983	
				モハ105	クハ6000	1945年クハ代用	1957	—	—	—	—	
				モハ106	—	—	1949	モハ106	流山モハ103	—	1979	
	1928			モハ107	—	—	1949	モハ107	流山モハ101	—	1978	
				モハ108	—	—	1949	モハ108	秩父クハ21 →クハニ30	→弘南モハ2230 →日立モハ2230	1979	
				モハ109		戦災	1946	—	—	—	—	
				モハ110		戦災	1946	—	—	—	—	
				モハ111	—	—	1949	モハ111	東急車両	—	—	
				モハ112	クハ6001	クハ化、片運化	1955	クハ6001	熊本モハ122	—	1985	1948年小田急貸出し
	1931			モハ113	クハ6002	クハ化、片運化	1954	クハ6002	流山モハ105	—	1979	1949年小田急貸出し
				モハ114	クハ6003	クハ化、片運化	1956	クハ6003	熊本モハ121	—	1985	1950年小田急貸出し
				モハ115	—	—	1949	モハ115	流山モハ102	—	1979	
モハ150	1941	半鋼	10	モハ151	モハ2000	→クモハ2000	1967	—	—			
				モハ152	モハ2001	→クモハ2010	1965	—	—			
				モハ153	モハ2002	→クモハ2002	1965	クモハ 2002	大井川モハ308			
				モハ154		戦災	1946	—	—			
				モハ155	モハ2003	→クモハ2003	1966	—	—			
				モハ156	モハ2004	→クモハ2004 →クエ9424	1985	—	—			
				モハ157	モハ2005	→クモハ2005	1956	—	—			
				モハ158	モハ2006	→クモハ2006	1967	—	—			
				モハ159	モハ2007	→クモハ2007	1967	—	—			
				モハ160	モハ2008	→クモハ2011	1967	—	—			
モハ500	1940	半鋼	4	モハ503	クハ6110	→クハ6021	1959	—	—	—	—	省モユニ2002鋼体化
				モハ504	クハ6020	—	1965	クハ6020	伊豆箱根クハ25	—	1974	省モニ3006鋼体化
	1942			モハ505	モハ2020	—	1965	—	—	—	—	
				モハ506	モハ2021	→クモハ2021	1966	—	—	—	—	
クハ210	1939	半鋼	4	クハ211	—	—	1949	—	—			
				クハ212	—	—	1949	—	—			
	1940			クハ213	—	—	1948	—	常総筑波ホハ201	→キハ40084		気動車化
				クハ214	—	—	1948	—	常総筑波ホハ202	→キハ40085		気動車化
クハ250	1942	半鋼	5	クハ251	クハ6010	片運化	1957	—	—	—	—	
				クハ252	クハ6011	—	1963	クハ6011	伊豆箱根クハ27	—	1976	
				クハ253	クハ6012	片運化	1963	クハ6012	高松琴平850	—	1998	
				クハ254	クハ6013	片運化	1963	クハ6013	伊豆箱根モハ36	—	1974	
				クハ255	—	戦災	1946	—	—	—	—	
サハ200	1941	木造	3	サハ201			1947	—	—	—	—	阪神 廃車体再生
	1942			サハ202			1947	—	—	—	—	阪神 廃車体再生
	1942			サハ203			1949	—	—	—	—	南海 廃車体再生
ハ210 (サハ)	1941	半鋼	3	ハ215	ナハ2320	五日市線用	1952	—	—	—	—	1941年車体新製 ←ホハ3402　盛岡工場
	1942			ハ216	ナハ2321	五日市線用	1952	—	—	—	—	1942年車体新製 ←ナハニ14135 旭川工場
ハ300 (サハ)	1942	木造		ハ301	ナハ2322	五日市線用 →ナヤ6595→ ナル2753 販売車	1956	—	—	—	—	1942年車体新製 ←ホハ2424　釧路工場

福塩線クハ5520(旧鶴見臨港鉄道クハ260)。戦時中の増大する工員輸送のため、車輌不足に悩む同社が採用した我が国初の4扉車。クハの計画が資材・労働力不足でサハで登場。戦後は富山港・福塩・宇部の各線で使用され、晩年は救援車クエ9130(→クエ9420)へ改造された。
1957.3.20　府中
所蔵：高井薫平

4.4　鶴見臨港鉄道(→JR東日本 鶴見線)

鶴見臨港鉄道は、浅野総一郎らの海岸埋め立て事業によって造成された川崎工業地帯への、貨物輸送を目的に設立され、1926(大正15)年浜川崎～弁天橋、武蔵白石～大川間で蒸機による貨物輸送を開始した。その後、進出した大工場への工員輸送のため電車による旅客輸送を目指して、電化工事を行い1930(昭和5)年弁天橋～浜川崎～扇町間が直流600V電化され、鶴見仮駅～弁天橋間で電車運転を開始した。その後も1931(昭和6)年に大川支線、1934(昭和9)年鶴見駅乗り入れ完成、1940(昭和15)年に海芝浦線開業と続いた。この間1930(昭和5)年には総持寺～川崎大師間の競合路線であった、京浜電鉄(現・京急)系の「海岸電気軌道」を買収し、同社軌道線とした(1937年廃止)。貨物輸送は多数の工場引き込み線が非電化のため蒸機運転だった。

太平洋戦争中は工場通勤者の輸送量が急増し、車輌増備に追われたが、資材不足でモハ・クハの計画車多

復元されたナデ6141(旧鶴見臨港鉄道モハ202)。鶴見臨港鉄道が1932年、芝浦製作所専用線を電車2輌とともに譲り受けた。うち1輌のモハ202が旧院電ナデ6110形ナデ6141で、1913年新橋工場製。1926年にモハ201(←ホデ6122)とともに目黒蒲田電鉄(現東急)に払い下げモハ41となり、その後芝浦製作所に売却された。戦後日立電鉄に払い下げモハ101→モワ101となったが、国鉄に無償返還され「鉄道100年」を記念し大井工場で復元、現在は鉄道博物館で展示されている。
1995.5　大井工場

銚子電鉄デハ301(旧鶴見臨港鉄道モハ115)。同社初のドアエンジン装備車で、2009年に解体された長寿車輌。
1974.11.21　仲ノ町

静岡鉄道モハ20(旧鶴見臨港鉄道モハ119)。モハ18・19とともに入線し、退役後は長沼工場の入替用に使用された。
1951.11.6　長沼工場

富山港線クハ552(旧鶴見臨港鉄道サハ213)。クハの計画が資材不足でサハで出場、買収後の1950年にクハ化(両運、その後片運化)された。
1961.5.7　城川原　P：宇野　昭

数がサハの形で使用された。1943(昭和18)年に"重工業地帯の海陸輸送整備"の理由で買収となった。

戦後も工場地帯の拡大は進んだが、バス路線の整備等々により、朝夕を除いては過疎路線に近い状態となり、鶴見駅の連絡改札口通過後は線内全駅が無人化されてしまった。大川支線に存在した急カーブ上のホームの関係で、17m級旧型国電クモハ12形が1996(平成8)年まで、最後の活躍をしていた。

■鶴見臨港鉄道の車輌

○モハ100(→モハ110)→モハ1500
○モハ500(→モハ330)→モハ1510・モハ1520
○モハ130・モハ210
○クハ600(→クハ350)・クハ250・サハ210
　→クハ5500・クハ5550
○サハ220・260→クハ5510・クハ5520
○モハ300←鉄道省木造モハ10形
○サハ360←鉄道省木造サハ19形

サハ220・260形は我が国初の4扉車で、車体長が17mと短いため、客用ドア間は戸袋窓と開閉可能窓が各1個という構造だった。扇風機もなかった時代、夏季の暑さが思いやられる。短車体の4扉車には戦後の京急700形・800形があるが、こちらは冷房完備(700形は後年の改造)である。

モハ119は、廃車後静岡鉄道へ払い下げられてモハ20となり、用途廃止後も「庫内車」として1997(平成9)年までその姿を留めた。また、モハ115は銚子電鉄のデハ301となり、2009(平成21)年まで事業用車としてその姿を留めていたのも記憶に新しい。

西武鉄道モハ503(鶴見臨港鉄道モハ315)。西武での鋼体化時に当時流行の"湘南顔"になり、晩年はクモハ353として1990年まで活躍した。
1957.11　吾野

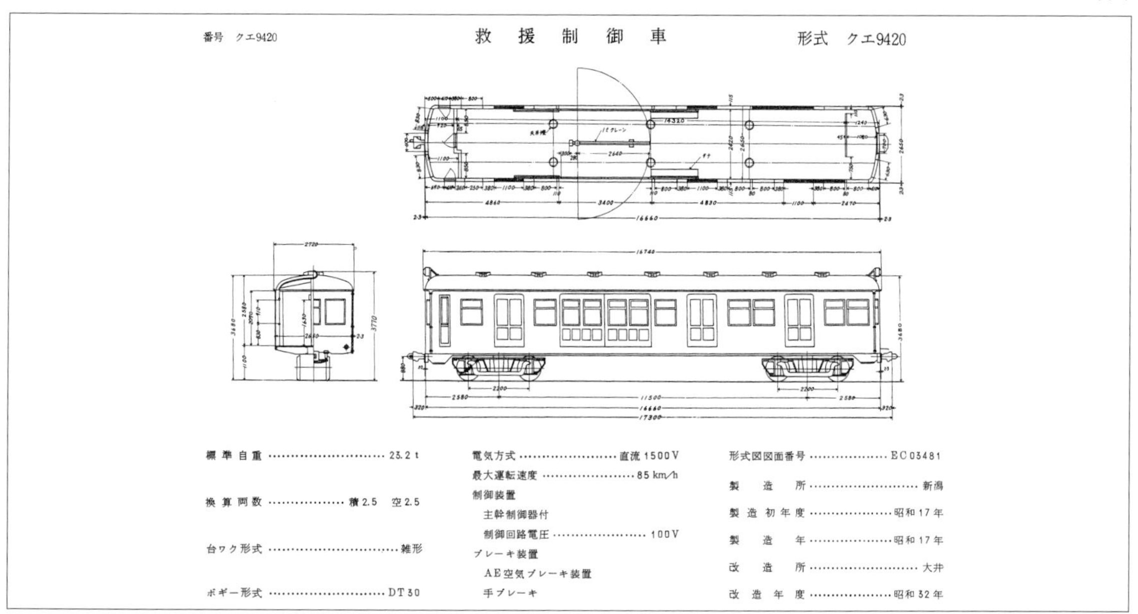

車輌竣工図表 国鉄クエ9420形

■私鉄買収国電一覧表 鶴見臨港鉄道

形式	製造年	構造	輌数	買収時車号	改正後称号	改造・称号改正	廃車	譲渡時称号	譲渡先・称号	改造等	廃車	備考
モハ30	1934	半鋼	2	モハ31	—	—	1948	モハ31	茨城交通モハ1		1965	軌道線用を改軌 茨交1965年電車運転廃止
				モハ32	—	—	1948	モハ32	茨城交通モハ2		1965	
モハ100→モハ110	1930	半鋼	8	モハ101→モハ111	—	—	1949	モハ111	上毛クハ701			
				モハ102→モハ112	クハ5540	—	1954	クハ5540	山形モハ107			
				モハ103→モハ113	モハ1500	—	1955	モハ1500	静岡クモハ18	→クモハ351（車体新造）	1994	→日立クモハ351
				モハ104→モハ114	モハ1501	—	1955	モハ1501	上田丸子モハ4255		1967	傍陽線廃止時に廃車
				モハ105→モハ115	—	—	1949	モハ115	銚子デハ301		2009	
				モハ106→モハ116	モハ1502	クエ9140→クエ9401	1983					
				モハ107→モハ117	モハ1503	—	1955	モハ1503	静岡クモハ19	→クモハ352（車体新造）	1994	→日立クモハ352
				モハ108→モハ118	モハ1504	—	1957	モハ1504	上田丸子モハ4256	→弘南モハ111	1980	クハ205
			2	モハ109→モハ119	モハ1505	—	1955	モハ1505	静岡クモハ20	1982年→構内車	1997	保存→2007年解体
				モハ110→モハ120	—	戦災	1949	モハ120	北恵那デ8		1968	
モハ130	1941	半鋼	1	モハ131	モハ1510	クエ9423	1982	—	—	—	—	
モハ140	1911	木造	2	モハ201→モハ141	—	—	1948	モハ141	日立クハ141		1964	旧院ホデ6122→目蒲デハ35
	1914			モハ202→モハ142	—	—	1948	モハ142	日立モハ101	→デワ101		←目蒲デハ45←旧院ナデ6141 日立より無償返還 復元・鐵道博物館展示
モハ310	1926	木造	9	モハ301→モハ311	—	戦災	1946	モハ311	上信デハ20	—	1981	旧 省モハ1061
	1926			モハ302→モハ312	—	—	1950	モハ312	東急横浜製作所モハ1→モニ101		不詳	旧 省モハ1062
	1925			モハ401→モハ313	—	事故	1951	—	名義モハ70802	→モハ71002	1979	旧省モハ1060→南武モハ401
	1925			モハ402→モハ314	—	ポール化可部線使用	1951	—	—	—	—	旧省モハ1064→南武モハ402
	1922			モハ403→モハ315	—		1948	モハ315	西武モハ503	モハ413→クモハ353	1990	旧 省モハ1044
	1922			モハ404→モハ316	—		1948	モハ316	西鉄ク59	鋼体化・全金化	1980	旧 省モハ1046
	1922			モハ405→モハ317	—	戦災	1946	—	—	—	—	旧 省モハ1045
	1922			モハ406→モハ318	—	ポール化可部線使用	1951	モハ318	西鉄ク60	鋼体化・全金化	1979	旧 省モハ1055
	1922			モハ407→モハ319	—		1951	モハ319	熊本202	台車・機器モハ122	1960	旧 省モハ1051
モハ330	1938	半鋼	3	モハ501→モハ331	モハ1520	機器・台車省型化	1959	—	—	—	—	
				モハ502→モハ332	モハ1521	機器・台車省型化	1956	—	—	—	—	
				モハ503→モハ333	モハ1522	機器・台車省型化	1956	—	—	—	—	
サハ210	1942	半鋼	3	サハ211	クハ5500	クハ化	1961	—	—	—	—	資材不足でサハ代用
				サハ212	クハ5501	クハ化	1966	—	—	—	—	資材不足でサハ代用
				サハ213	クハ5502	クハ化	1965	—	—	—	—	資材不足でサハ代用
サハ220	1942	半鋼	2	サハ221	クハ5510	クハ化	1956	—	—	—	—	両運仕様　未電装サハ 4扉 ノーシル・ノーヘッダー
				サハ222	クハ5511	クハ化	1956	—	—	—	—	両運仕様　未電装サハ 4扉 ノーシル・ノーヘッダー
サハ250→クハ250	1942	半鋼	3	サハ251→クハ251	クハ5550	クハ5504	1963	—	—	—	—	片運仕様　未電装出場
				サハ252→クハ252	クハ5551	クハ5505	1963	—	—	—	—	片運仕様　未電装出場
				サハ253→クハ252	クハ5552	クハ5506	1966	—	—	—	—	片運仕様　未電装出場
サハ260	1942	半鋼	2	サハ261	クハ5520	クエ9130→クエ9420	1979	—	—	—	—	資材不足でサハ代用 4扉 ノーシル・ノーヘッダー
				サハ262	クハ5521	クエ9131→クエ9400	1984	—	—	—	—	資材不足でサハ代用 4扉 ノーシル・ノーヘッダー
クハ350	1938	半鋼	3	クハ601→クハ351	—	事故	1949	—	—	—	—	
				クハ602→クハ352	クハ5530	—	1956	—	—	—	—	
				クハ603→クハ353	クハ5531	クハ5503	1966	—	—	—	—	
サハ360	1917	木造	1	サハ361	—	ナヤ16871→ナエ17121	1956	—	—	—	—	旧 省サハ19016

モハ1207(旧富士身延鉄道モハ112)。乗務員扉新設は、早い時期に施工されたと推定される。1951年に片運・連結側貫通化、PS13化などが行われた。
1953.9　伊那松島

4.5　富士身延鉄道(→JR東海 身延線)

身延線の前身である「富士身延鉄道」は、1912(明治45)年に設立され、鈴川(現・吉原)～大宮(現・富士宮)間の馬車鉄道を買収し、1913(大正2)年に富士～大宮間を蒸気鉄道として開業、1920(大正9)年に身延まで延伸した。残る身延～甲府間の免許は、同区間が国の予定線だったことから難航したが、同社が鉄道省規格の電気鉄道を建設する条件で認可され、1928(昭和3)年甲府まで開業した。同時に富士～身延間の電化工事も行われた。工事は地形上から難工事で建設工事費がかさみ、その結果「日本一高い」と言われた運賃が設定されたが、経営は苦しかった。そのため国有化の運動が起こり、1938(昭和13)年に国の借り上げ線となった。

1941(昭和16)年には東海道本線と中央本線を結ぶ重要路線であることから、輸送力増強のため改良が必要として買収が行われ、「身延線」となった。戦後の国鉄型車輌進出にあたって、同線は中央本線とともに狭小トンネルが多く使用車輌の高さが制限され、低屋根車(800番代)などの専用形式の投入を必要としていた。

■富士身延鉄道の車輌

買収時に引き継いだ車輌は、90番代の鉄道省の制式称号に改番された。

○モハ100・110形→モハ93形
○クハユニ300形→クハユニ95形
○クハニ310形→クハニ96形
○サハ50・60・70形→サハ26形

以上の4形式となった。サハ26形は客車タイプであった。

買収後の1943年に木造車の鋼体化改造で、身延線専用として製造されたモハ62形初代(→モハ14形100番代)＋クハ77形(→クハ18形0番代)の3編成6輌が投入された。戦後はモハ93形などの買収車

クハニ7211(旧富士身延鉄道クハニ96002)。クハユニ95とともに手小荷物輸送にあたった。両形式とも竣工時から乗務員扉を持ち、車体下部は直線状である。
1953.9　伊那松島

輌を飯田線北部の1,200V区間に転出させ、二重屋根のモハ30・クハ38を２扉クロスシートに改造したモハ62形(→クモハ14形110番代)・クハ77形(→クハ18形10番代)や、横須賀線からのモハ32形(→クモハ14)、クハ47形、クモハユニ44形に置き替えた。モハ32形は屋根全面を低屋根・切妻に改造しクモハ14形800番代となった。その後老朽化したクモハ14形はモハ51・60形などの20m級低屋根改造車と、72系の台枠に新製車体を乗せた二代目モハ62形とクハ66形に置き換わり、新性能化後はワインカラーの115系2600番代、クモハ123形を経て現在は313系が使用されている。

私が初めて身延線を訪れた1952(昭和27) 年には、社型車輌はすでに飯田線に転出した後で、珍品の二重屋根のモハ30形・クハ38形を２扉クロスシートに改造したモハ14形110番代・クハ18形10番代と、70系に

モハ93010(旧富士身延鉄道モハ114)。長距離路線のため2扉・クロスシートを採用した。開業時の竣工図では、乗務員扉がない。本形式のみ車体下部の切り欠きがある。 1952.7.31　伊那松島機関区

大井川鉄道クハ505(旧富士身延鉄道クハユニ303→鉄道省クハニ7203)。扉位置に合造車時代の面影が残る。晩年は客車化されSL列車の最後部に使用された。
1966.9.23　新金谷
P：風間克美

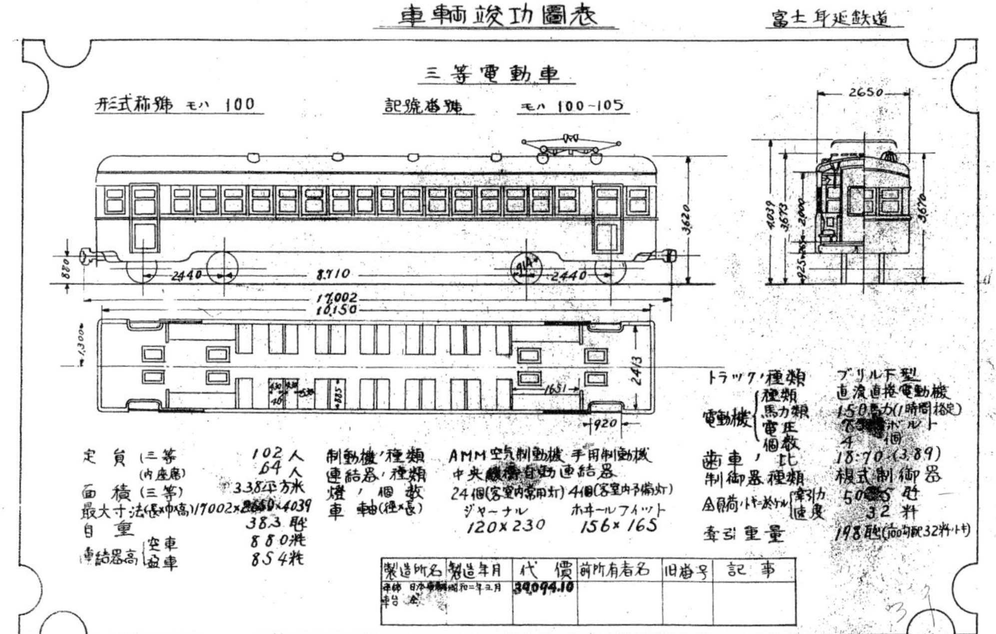

製造所名	製造年月	代價	前所有者名	旧番号	記事
車体 日本車輌	昭和二年三月	34094.10			

車輌竣工図表 富士身延鉄道モハ100形　　　提供：名取紀之

大井川第三橋梁を渡る大井川鉄道モハ305+クハ505(旧富士身延鉄道モハ110+クハユニ303)。元富士身延同士で編成を組む。1960年代の大井川鉄道は元買収国電の宝庫であった。
1966.9.23　千頭―崎平
P：風間克美

追われて転入したモハ32形(→クモハ14形)の低屋根化改造が始まった頃で、原形と切妻低屋根の2タイプを見ることができた。また、17m級のモハ32が20m級のクハ58(→クハ47形100番代)を牽く、ユーモラスな姿が見られた。その後も元急電クモハ43810や、サロ45形の格下げサハの転入、低屋根化されたクモハ51・60形、電機にも形態変化の多いEF10形もあって、度々訪問した。

■私鉄買収国電一覧表 富士身延鉄道

形式	製造年	構造	輌数	買収時車号	改正後称号	改造・称号改正	廃車	譲渡時称号	譲渡先・称号	改造等	廃車	備考
モハ100・110→モハ93	1927	半鋼	11	モハ100→93001	モハ1200	—	1957	—	—	—	—	
				モハ101→93002	モハ1201	—	1958	モハ1201	弘南モハ2251	→クハ2251	1988	
				モハ103→93003	モハ1202	—	1957	モハ1202	高松琴平1201	—	1981	
				モハ104→93004	モハ1203	—	1958	モハ1203	弘南モハ2252	—	1988	
				モハ105→93005	モハ1204	—	1957	モハ1204	弘南モハ2253	—	1988	
	1928			モハ110→93006	モハ1205	—	1958	モハ1205	大井川モハ306	—	1978	
				モハ111→93007	モハ1206	—	1958	モハ1206	越後交通モハ5001	—	1975	→路線廃止
				モハ112→93008	モハ1207	—	1957	モハ1207	弘南モハ2250	—	1981	
				モハ113→93009	モハ1208	—	1957	モハ1208	大井川モハ305	—	1978	
				モハ114→93010	モハ1209	—	1957	—	—	—	—	
				モハ115→93011	モハ1210	—	1957	—	—	—	—	
クハユニ300→クハユニ95	1928	半鋼	4	クハユニ300→クハユニ95001	クハニ7200	—	1957	—	—	—	—	
				クハユニ301→クハユニ95002	クハニ7201	—	1957	クハニ7201	弘南クハニ1281	—	1976	
				クハユニ302→クハユニ95003	クハニ7202	—	1957	クハニ7202	高松琴平1202	—	1981	
				クハユニ303→クハユニ95004	クハニ7203	—	1957	クハニ7203	大井川クハ505	→ナハフ505	1984	
クロハニ310→クハニ96	1928	半鋼	2	クロハニ310→クハニ96001	クハニ7210	—	1958	クハニ7210	弘南クハニ1282	—	1976	
				クロハニ311→クハニ96002	クハニ7211	—	1958	クハニ7211	弘南クハニ1283		1976	
サハ50→サハ26	1917	木造	10	サハ50・60・70形→サハ26001～26010	—	7輌→客車化 ナヤ16880代	3輌 1950	—	—	—	1954	長野・浜松工場通勤用など

モハ10(旧鳳来寺鉄道モハ1→10、後の大井川鉄道モハ201)。1924年製の木造車で、撮影の直後４月末に廃車。豊川鉄道モハ11～15と同型で、モハ14は「三河郷土館」で保存されている。
1951.3.24　豊橋機関区　P：小山政明

4.6　豊川鉄道・鳳来寺鉄道
(→JR東海 飯田線)
参考：田口鉄道(→豊橋鉄道 田口線→廃線)

豊川鉄道・鳳来寺鉄道・田口鉄道の３鉄道は「豊川鉄道」のグループ企業で、豊川・鳳来寺の２社は戦時買収されたが、田口鉄道は枝線だったことから非買収だった。しかし、車輌は同じ形式を所有し、運用も一体化されていた。前２社は、飯田線の南部を形成しており、三信鉄道の開業により伊那電鉄と結ばれて、約200kmに及ぶ東海道・中央の両本線を結ぶ本州横断路線が完成した。

全通時には旧伊那電鉄が1,200V(他は1,500V)だったことから、電動車は直通せず、トレーラーのみがリレーされて全線を走破していた。伊那・三信・豊川・鳳来寺の４社は1943(昭和18)年に買収され「飯田線」となったが、それ以前にも運賃が高く設定されていたため、「四鉄道国有化促進運動」があったという。

豊川鉄道は、豊川稲荷への参詣客、豊川沿いの旅客・貨物輸送を目的に設立され、1897(明治30)年に吉田(現・豊橋)～豊川間を蒸気鉄道として開業、1900(明治33)年に大海まで全通した。大海以北の建設は、関連会社の鳳来寺鉄道の手で進められ、三河川合までの17.3kmが1923(大正12)年に開業した。豊川・鳳来寺両鉄道は1925(大正14)年に直流1,500V電化され、共通設計の車輌が製造された。豊川鉄道が所有していた旧豊川海軍工廠への貨物支線は、戦後「国鉄豊川分工場」となった同工場の引き込み線となり運輸営業を廃止、現在は「日本車両製造豊川工場」の入・出場専用線となっている。

田口鉄道は鳳来寺口(後の本長篠)～三河田口間23.2kmの電化路線で、支線ゆえに買収されずに残った後は運行を鉄道省・国鉄に委託し、1952(昭和27)年の契約解除後も車輌の共用が行われた。豊橋への乗り入れは1963(昭和38)年まで続けられた。

■3社の車輌

買収時の引継ぎ車輌(電車)は豊川：20輌・鳳来寺：２輌で、田口鉄道の保有した２輌も含めて共通運用されていた。３社の車輌は大別して３グループがあった。

①グループ

○モハ10形・サハ1形

1925(大正14)年製の木造車。鳳来寺がモハ10、豊川がモハ11～15を保有したが、称号改正前に廃車され、大井川鉄道・田口鉄道に払い下げられた。田口

豊橋駅に乗入れの田口鉄道モハ36とクハ18010が並ぶ。モハ36は旧豊川鉄道モハ30形と同型で、田口鉄道は後に豊橋鉄道に合併された。
1953.9　豊橋

大井川鉄道モハ201＋202。前身はそれぞれ旧鳳来寺鉄道モハ10形10と旧豊川鉄道モハ10形13で、原形をとどめた外観で使用された。
1966.9.23　新金谷　P：風間克美

(→後の豊鉄田口線) モハ14は「奥三河郷土館」(リニューアル準備休館中)に保存されている。サハ1形４輌のうち２輌は、事業用客車ナヤ27000・27001となった。

②グループ

○モハ20形(鳳来寺モハ20)→モハ1700形
　　(豊川モハ21・22)→モハ1600形

○モハ30形(豊川モハ31～33)→モハ1610形

○モハ80形(豊川モハ81・82)→モハ1620形

○クハ60形(豊川クハ61・62)→クハ5600形

このグループは、同時期に全国の各社に納入された、いわゆる“川崎造船所型”(一部日車製)で、深い屋根を持つ全鋼製車(モハ30・80形は半鋼製車)のシリーズのひとつである。モハ1610は豊橋鉄道田口線モハ38となり、飯田線乗り入れ運用にも使用された。

③グループ

○クハ100形(豊川101・102)→クハ5610形

1940(昭和15)年木南車両製の張り上げ屋根、1段上昇窓の２扉クロスシート車だったが、更新修繕でグローブ型ベンチレーター搭載、5610は雨樋の取付け、5611は前面非貫通化などの大きな形態変化を受けた。これらの車輌は、飯田線に国鉄型車輌の転入にともない、福塩線・富山港線に転出して使用された。

私が飯田線を最初に訪れたのは、1952(昭和27)年の秋に大学鉄研の仲間と全線乗り歩きをした時だった。豊橋で名鉄の流線型電車モ3400形を見たのちに北上した。すでに最初に入った木造国電モハ10形は消え、モハ32(クモハ14)形が入っていたが、まだ二重屋根のモハ30形(クモハ11形0番代)も走っていた。大嵐駅で突然出会った対向列車の、元流電クハ47021

大井川鉄道モハ303(旧豊川鉄道モハ32→国鉄モハ1611)。いわゆる“川造型”と大変よく似ているが日本車両の製造による。
1966.9.23　千頭　P：風間克美

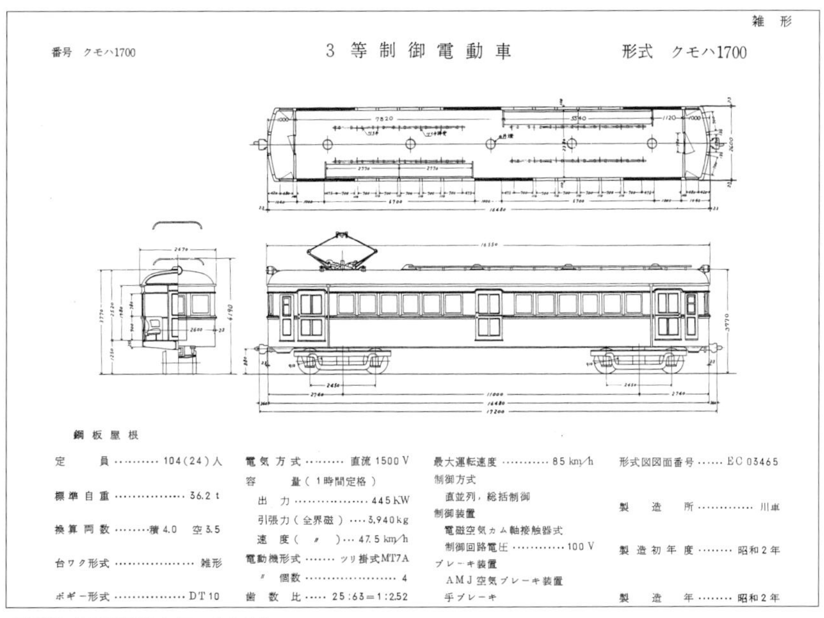

雑　形
番号　クモハ1700
3 等 制 御 電 動 車
形式　クモハ1700

鋼板屋根
定員 ……… 104(24)人
標準自重 ……… 36.2 t
換算両数 ……… 積4.0　空3.5
台ワク形式 ……… 雑形
ボギー形式 ……… DT10
電気方式 ……… 直流1500 V
容量(1時間定格)
出力 ……… 445 kW
引張力(全界磁) ……… 3,940 kg
速度(〃) ……… 47.5 km/h
電動機形式 ……… ツリ掛式MT7A
〃 個数 ……… 4
歯数比 ……… 25:63＝1:2.52
最大運転速度 ……… 85 km/h
制御方式
直並列，総括制御
制御装置
電磁空気カム軸接触器式
制御回路電圧 ……… 100 V
ブレーキ装置
AMJ空気ブレーキ装置
手ブレーキ
形式図図面番号 ……… EC 03465
製造所 ……… 川車
製造初年度 ……… 昭和2年
製造年 ……… 昭和2年

車輌竣工図表 国鉄クモハ1700形

総武流山電鉄クハ51(旧豊川鉄道クハ62→国鉄クハ5601)。1926年製の"川造型"で、福塩線に転じ乗務員扉新設、水切り撤去・雨樋取付け、グロベン化がなされた。　1973.4.30　流山

総武流山電鉄クハ51室内。1960年に流山に移り、同社初の制御車・3扉車でラッシュ時に活躍した。1978年に廃車。
1973.4.30　流山

(←サロハ66018)に出会ってびっくりしたのを覚えている。情報の乏しかったこの時代、関東のファンにとってあこがれの的で、京阪神間を走ったあの流電の2・3等車が、なんと運転台を付けられて、山間のローカル線でたったの2輌で運転されていたのだった。

次は1958(昭和33)年5月、今度は辰野から南下した。北部地区では身延線からやって来たモハ93形がモハ1200形と名を変えて、最後の活躍をしていた。乗車した列車には、好ましいスタイルのクハ5800形や、珍しい称号のサハニフも付いていて、きわめてバラエテイに富んだ編成だった。その後は東西の国鉄型が続々転入したことで国電ファンのメッカとなり、長いこと"飯田線詣で"を続けることになった。

■私鉄買収国電一覧表 豊川鉄道

形　式	製造年	構造	輌数	買収時車号	改正後称号	改造・称号改正	廃車	譲渡時称号	譲渡先・称号	改造等	廃車	備　考
モハ 10	1924	木造	5	モハ11	—	—	1949	—	—	—	—	
				モハ12	—	—	1949	—	—	—	—	
				モハ13	—	—	1951	モハ13	大井川モハ202 →クハ508	車体外板 鋼板張り改造	1980	1967年名鉄モ3359 車体振替　クハ化
				モハ14	—	—	1951	モハ14	田口モハ14	豊鉄モハ14	1968	奥三河郷土館保存
				モハ15	—	—	1951	モハ15	田口モハ15	豊鉄モハ15	1968	
モハ20	1927	全鋼	2	モハ21	モハ1600	台車DT10、CS化	1957	—	—	—	—	
				モハ24→モハ22	モハ1601	台車DT10、CS化	1957	モハ1601	上信クハニ21	→クハ22	1981	車体載替延伸　台車交換
モハ30	1929	半鋼	3	モハ31	モハ1610	—	1956	モハ1610	豊鉄モハ38	→モ1713	1987	
				モハ32	モハ1611	—	1956	モハ1611	大井川モハ303	—	1972	
				モハ33	モハ1612	—	1956	モハ1612	三岐モハ110	—	1978	
モハ80	1927	半鋼	2	サハユニ201 →モハ81	モハ1620	両運化省型制御器	1956	モハ1620	三岐モハ100	—	1978	1930年電装モハユニ 1938年全室客室化
				サハユニ202 →モハ82	モハ1621	両運化省型制御器	1956	モハ1621	三岐モハ101	—	1978	
クハ60	1927	全鋼	2	サハ22→クハ61	クハ5600	片運化	1956	クハ5600	三岐クハ200	—	1977	
				サハ23→クハ62	クハ5601	片運化 乗務員扉設置	1959	クハ5601	流山クハ51	—	1988	
クハ100	1940	半鋼	2	クハ101	クハ5610	—	1962	クハ5610	高松琴平810	—	2003	琴電で車体更新 ノーシル・ノーヘッダー
				クハ102	クハ5611	—	1962	クハ5611	高松琴平820	電動車に改造	2003	琴電で車体更新 ノーシル・ノーヘッダー
サハ1	1924	木造 ダブル ルーフ	4	ホハ1→サハ1	—	—	1952	—	—	—	—	
				ホハ2→サハ2	—	—	1952	—	—	—	—	
	1924	木造 ダブル ルーフ		ホロハ1→サハ3	→ナヤ26960	ナエ27000	1965	—	—	—	—	
				ホロハ2→サハ4	→ナヤ26961	ナエ27001	1964	—	—	—	—	

■私鉄買収国電一覧表 鳳来寺鉄道

形　式	製造年	構造	輌数	買収時車号	改正後称号	改造・称号改正	廃車	譲渡時称号	譲渡先・称号	改造等	廃車	備　考
モハ10	1924	木造	1	モハ1→モハ10	—	—	1951	モハ10	大井川モハ12	→モハ201	1980	機器→名義クハ508
モハ20	1927	全鋼	1	モハ2→モハ20	モハ1700	省型機器・乗務員扉設置 豊川分工場入替	1964	クモハ1700	伊豆箱根モハ35	—	1974	

■参考：田口鉄道(非買収)

形　式	製造年	構造	輌数	車号の変遷	改造・称号改正	廃車	譲渡時称号	譲渡先・称号	改造等	廃車	備　考
モハ30	1929	半鋼	2	101→モハ36	—				→豊鉄モ1711	1987	非買収・供出・運行委託
				102→モハ37	—				→豊鉄モ1712		
(モハ30)	1929	半鋼	1	モハ38			モハ1610	→豊鉄モハ38	→モ1713		飯田線乗り入れ

column 「木造省電型車輌」・「川造型車輌」とは

いずれも当時の最先端車輌として登場した車輌たちで、「木造省電型」は、鉄道省の標準型となった『モハ1形』類似の形態を持つ車輌をいう。1920年代に製造された車体長16m級の3扉ロングシート車で、同様の形態の車輌が、伊那電鉄(→飯田線)、信濃鉄道(→大糸線)、筑摩鉄道(→アルピコ交通)など各地に登場した。

「川造型車輌」とは、1920年代後半に川崎車両(→川崎重工)の前身となる川崎造船所で製造された全鋼製車輌で、深い屋根、妻面屋根と客用ドア上の水切り、多数のリベットなどが特徴である。阪急(旧阪神)600形、東急3150形、西武151形、鳳来寺(飯田線の一部)20形、長野電鉄600形などで広く使用された。

現在、旧長電モハ604が「安曇野ちひろ美術館」の「トットちゃん広場」に、旧デハニ201とともに保存されている。

阪急600形603。いわゆる"川崎造船所型"の量産車は、阪急600形から始まった。復元車のお披露目撮影会で。
2011.5.6　正雀工場　P：森　俊朗

"木造省電型"の一員、松本電鉄(旧筑摩電気鉄道／現アルピコ交通)モハ1。1962年に車体を更新し17m級・2扉バス窓の"日車標準型"のモハ101となった。　1960.1.2　松本

長野電鉄モハ603。"川造型"は、阪急・東急・旧西武・豊川・鳳来寺・長電など、全国各地の私鉄に広く導入された。
1974.8.10　本郷

長野電鉄モハ611。"川造型"は、その堅牢な車体から大手私鉄の第一線を退いた後も、第二、第三の職場で活躍した。写真は部品取りで上田交通に譲渡された車輌。　1983.10.19　上田交通　上田原

総武流山電鉄モハ1002(旧西武モハ553)。東濃鉄道モハ111を経て1975年に入線し、1988年まで活躍した。1927年製の典型的な"川造型"。　1975.9.14　流山

上田交通モハ5271。長野電鉄モハ612を譲り受けた車輌で、反対側の運転台は上のモハ611と同様に奥行きが拡張されている。
1983.10.19　上田原

飯田線クハ5800形(旧三信鉄道デ300形)。中央アルプスの景観で有名な河岸段丘上を快走する飯田線列車。横須賀線からやって来たモハ32(→モハ14)と編成を組んでいた。
1953.9　飯田線 高遠原—七久保

4.7　三信鉄道(→JR東海 飯田線)

飯田線の前身で、同線の中央部分三河川合～天竜峡間69.8kmの1,500V電気鉄道である。南側から豊川鉄道・鳳来寺鉄道が三河川合まで達しており、北側の伊那電鉄の天竜峡と結べば、東海道本線と中央本線の連絡線となる。そこで豊川鉄道と水力発電事業者が建設を計画し、1927(昭和2)年認可を得た。

しかし建設工事は、フォッサマグナの厳しい地形に阻まれて困難を極め、旭川からアイヌの川村カ子ト(カネト)の率いる測量隊を呼ぶなどして工事が進められた。67kmの区間にトンネル171ヶ所・鉄橋97ヶ所の存在が工事費の高騰を招き、経営は苦しかった。

1932年に天竜峡～門島間が開業、部分開通を続けて1937(昭和12)年に大嵐～小和田間の開通により全線開業した。買収は1943(昭和18)年で、引継がれた電車は9輌であった。戦後の1955(昭和30)年に佐久間ダム建設に備え、佐久間～大嵐間のルートを現行の水窪廻りのものに変更した。

小湊キハ5801・5800(旧三信鉄道デ302・301)。気動車に改造された2輌は、青梅から来たキハ6100形2輌とともに活躍。5800は市原市指定文化財として保存されている。1973.1.6　五井機関区

■三信鉄道の車輌

買収した車輌はデニ201形1輌、デ301形8輌。デニ202を除きいずれも鉄道省からの譲渡車で、70kW主電動機搭載の木造車旧モハ1形・モニ3形である。

○デニ201形

201・202の2輌が製造されたうち、201は買収前に事故廃車され、202のみが引継がれた。202は1939(昭和14)年木南車輌が手持ちの木造モハ1の台枠を利用して新製された半鋼製車である。1951(昭和26)年に

■私鉄買収国電一覧表 三信鉄道

形式	製造年	構造	輛数	買収時車号	改正後称号	改造・称号改正	廃車	譲渡時称号	譲渡先・称号	改造等	廃車	備考
デニ201	1939	半鋼	1	モハ1022 →デニ202	事故	名義モハ70801	1954	—	—	—	—	→モハ71002
デ301	1936	木造 ↓ 半鋼 (鋼体化)	8	モニ3009 →デ101 →デ301	クデハ301→ クハ5800	—	1959	クハ5800	DC化 小湊キハ5800	—	1986 使用停止	1997年車籍抹消　保存 2019年市有形文化財指定
	1936			モニ3010 →デ102 →デ302	クデハ302→ クハ5801	—	1959	クハ5801	DC化 小湊キハ5801	—	1978	
	1936			モハ1020 →デ103 →デ303	クデハ303→ クハ5802	—	1959	クハ5802	伊豆箱根モハ47	—	1977	
	1939			モハ1058 →デユ1 →デ304	クデハ304→ クハ5803	—	1959	クハ5803	大井川クハ503	—	1974	
	1940			モハ1023 →デ1 →デ305	クデハ305→ クハ5804	—	1959	クハ5804	大井川クハ506	—	1978	
	1921	木造		モハ1033 →デ306	事故廃車	—	1945	—	—	—	—	
	1921			モハ1035 →デ307	クハ5805	—	1952	クハ5805	大井川モハ301 →モハ3829振替	旧車体→JR東海 モハ1035	1970 使用停止	リニア・鉄道館 保存・展示
	1921			モハ1036 →デ308	—	—	1952	デ308	大井川モハ302 →モハ3302振替	—	1970	

大井川鉄道モハ302(旧三信鉄道デ308)。旧鉄道省の木造車モハ1036が三信鉄道の買収により再度鉄道省に戻った経歴がある。
1966.9.23　千頭　P：風間克美

事故廃車され、名義上モハ70801(→モハ71002)の改造種車となった。

○デ301形

鉄道省モハ1形の機器を持つ両運転台車輌で、1936(昭和11)年に日車東京支店で鋼体化されたデ301〜303、1941(昭和16)年木南車輌で鋼体化された304・305、1938(昭和13)年に木造車体のまま、両運転台に改造して入線した306〜308の3グループがあった。なお301〜303は、旧番号がデ100形101〜103であった。

鋼体化された車輌は2扉クロスシートでトイレ付だが、未改造の木造車3輌は3扉ロングシートのままだった。307・308の2輌は1952(昭和27)年に大井川鉄道に払い下げられ、同社のモハ301・302となり活躍、後年名鉄車モ3829・モ3302の車体と振替を行った。載せ替え前のモハ301の木造車体は、JR東海名古屋工場で復元工事が行われ、モハ1035として現在は名古屋市の「リニア・鉄道館」に保存展示されている。

大井川鉄道クハ506(旧国鉄クハ5804←三信鉄道デ305)。クハ5800形は2輌が大井川入りし、三信鉄道時代の面影を残しつつ活躍した。
1966.9.23　新金谷　P：風間克美

1953(昭和28)年の称号改正時には、クハ化されていた5輌がクハ5800形となった。廃車後は1960(昭和35)年に5800・5801が小湊鉄道、5803・5804が大井川鉄道に、1961(昭和36)年に5802が伊豆箱根鉄道に、それぞれ払い下げられた。小湊の2輌はデイーゼルエンジンを搭載して気動車に改造され、キハ5800・5801となった。それぞれ1997・1998(平成9・10)の両年に廃車となったが、キハ5800は解体されずに残され、2019(平成31)年3月29日「市原市指定文化財」に指定された。

JR東海モハ1035(旧三信鉄道デ307、後の国鉄クハ5805→大井川鉄道モハ301)。大井川鉄道で廃車された旧車体をJR名古屋工場で復元し、「リニア・鉄道館」で保存・展示されている。
2007.11.2　伊那松島機関区
P：三橋克己

上田丸子電鉄モハ5261(旧伊那電気鉄道デハ102)。1923年汽車会社製の"木造省電型"旧省モハ1901で、クハ5910(→上田丸子クハ261)と組んで入線した初の大型車。クリーム・ブルーの塗色はその後同電鉄の標準に。
1954.11.22　丸子町

4.8　伊那電気鉄道(→JR東海 飯田線)

4社の私鉄の買収で構成された飯田線の北部が「伊那電気鉄道」の路線で、辰野～天竜峡間である。中央西線が木曽谷経由となったことで、伊那谷にも鉄道建設の動きが起こり、1907(明治40)年に「伊那電車軌道」が設立され、1909(明治42)年辰野～松島(現・伊那松島)間に長野県初の軌間1,067mm・直流600Vの電気軌道が開業した。車輌は4輪単車のオープンデッキタイプだった。1923(大正12)年に飯田まで延長し、鉄道法による営業に変更、社名を「伊那電気鉄道」とし、同時に伊那松島～辰野間のルート変更を行った。

1943(昭和18)年に飯田線を構成する他社と同時に買収された。買収当時、天竜峡以北は1,200Vだったが、1955(昭和30)年に1,500Vに昇圧された。

■伊那電気鉄道の車輌

買収時の引継ぎ電車は電動車15輌、付随車14輌で、同社には制御車が無く、付随車の手ブレーキ付き車輌は「フ」を記していた。同社の車輌のうち電動車は、旧木造省電モハ1・モハ10形似の平妻の3扉車で、車体幅のみ2,642mmと狭い。"木造省電型"と言われるこの形態が、1927(昭和2)年製の半鋼製車デ120形まで続いた。同社の松島工場(後の伊那松島機関区)は、自社車輌の修理・新製以外に、他社車輌の製造も行っていた。

○デ100形→モハ1900
○デ110形→モハ1910
○デ120形→モハ1920
○サハユニフ100・サハユニフ110形
○サハニフ400形→クハ5900形、サハニ7900形

同社の付随車は、制御回路の引き通しがない「サ」のみで、手ブレーキ付きの「フ」の記号が付けられ、列車の後部に連結され運用されていた。サハユニフ100形は以前「サロハユニフ100形」で、1輌で4車種を備える珍しい存在だった。クハ5900形のうち2輌はのちに交直流電車の試験車となり、1957(昭和32)年にモハ73形改造のクモヤ491形と組んで仙山線で試験に供され、交流電化の基礎を築いた。

○クハ5900→クヤ490-1(日立製機器搭載)
○クハ5901→クヤ490-11(三菱電機製機器搭載)

試験の終了後、この2輌はクハに改造され、クモハ491形と組んで仙山線の営業用に使用されたが、1966(昭和41)年に廃車された。

サエ9321(旧伊那電気鉄道サハユニフ102)。製造当初は口室もあった多用途車。全通後も異電圧区間の4社をリレーされて全線を走破していた。1953年の称号改正時に救援車に改造。
1953.9　豊橋機関区

クヤ490-11(旧伊那電気鉄道サハニフ401→クハ5901)。クハ5900形2輌は、1957年にモハ73改造のクモハ491形2輌と組んで国鉄初の交流電化試験に供された。クヤ490-11は日立製機器を、490-1(←クハ5900)は三菱電機製機器を搭載していた。
1960.2.21 仙台 P:久保 敏

■私鉄買収国電一覧表 伊那電気鉄道

形 式	製造年	構造	輌数	買収時車号	改正後称号	改造・称号改正	廃車	譲渡時称号	譲渡先・称号	改造等	廃車	備 考
デ100	1923	木造	3	デ100→デハ100	クハ5910	クハ5910	1954	クハ5910	上田丸子クハ261	→クハ271	1969	
				デ101→デハ101	モハ1900	—	1954	モハ1900	北陸モハ851	→モハ1602→クハ化	1971	遠州モハ14車体載替
				デ102→デハ102	モハ1901	—	1954	モハ1901	上田丸子モハ5261	→モハ5271	1969	東急クハ3222車体載替
デハ110	1927	木造	3	デハ110		—	1928	デハ110	三河デ200	→名鉄モ1101	1963	
	1928			デハ111	モハ1910	—	1954	—	—	—	—	
	1928			デハ112→デハ110二代目	クハ5920	—	1980	クハ5920	北陸クハ501	→モハ852	1963	1953年 クハ化
デハ120	1927	半鋼ダブルルーフ	5	デハ120	モハ1920	—	1956	モハ1910	北陸モハ3101	→クハ1152	1967	
				デハ121	モハ1921	—	1956	モハ1921	北陸モハ3102	→クハ1151	1968	
				デハ122	モハ1922	—	1956	モハ1922	北陸モハ3103	→モハ3151	1967	車体は漁礁に
				デハ123	モハ1923	—	1956	モハ1923	北陸モハ3104	→モハ3152	1967	
				デハ124	モハ1924	—	1955	モハ1924	新潟交通モハ16	車体載せ替え(小田急デハ1409)	1993	
デ200	1923	木造	5	デ200→デハ200	—	—	1953	デハ200	駿豆モハ45	—	1974	
				デ201→デハ201	—	ナヤ16872→ナエ17122	1953	—	—	—	—	
				デ202→デハ202	—	—	1952	—	—	—	—	
				デ203→デハ203	—	—	1951	—	—	—	—	
				デ204→デハ204	—	—	1952	デハ204	岳南モハ201	→モハ1101鋼体化→近江モハ103		→モハ224 車体新造
サハユニフ100	1924	木造	3	サハユニフ100	—	事故	1945	—	—	—		登場時サロハユニフ100
				サハユニフ101	サエ9320	—	1979	—	—	—		登場時サロハユニフ101
				サハユニフ102	サエ9321	—	1964	—	—	—		登場時サロハユニフ102
サハユニフ110	1926	木造	1	サハユニフ110	サエ9330	サエ9322	1971	—	—	—		登場時サハフ312
サハニフ200	1920	木造	3	サハニフ200	—	休車	1951	—	—	—		登場時サロハフ200
サハニフ210				サハニフ210	—	—	1950	—	—	—		登場時サハフ301
サハニフ220				サハニフ220	—	—	1952	—	—	—		登場時サハフ300
サハフ310	1926	木造	2	サハフ310	—	ナヤ16870→ナエ17120	1956	—	—	—		登場時サハフ302
				サハフ311	1951火災事故 1952吹田工場改造名義	名義クハ752→クハ6231→クハ25005	1967	—	—	—		登場時サハフ303
サハニフ400	1929	半鋼	5	サハニフ400	クハ5900	クヤ490-1→クハ490-1	1966	—	—	—		交直流電車試験車→営業用クハ化
				サハニフ401	クハ5901	クヤ490-11→クハ490-11	1966	—	—	—		交直流電車試験車→営業用クハ化
				サハニフ402	サハニ7900	—	1957	—	—	—		
				サハニフ403	サハニ7901	—	1957	サハニ7901	弘南クハニ1272	—	1985	ステップ撤去 TR11化
				サハニフ404	サハニ7902	—	1957	サハニ7902	弘南クハニ1271	—	1989	ステップ撤去 TR11化

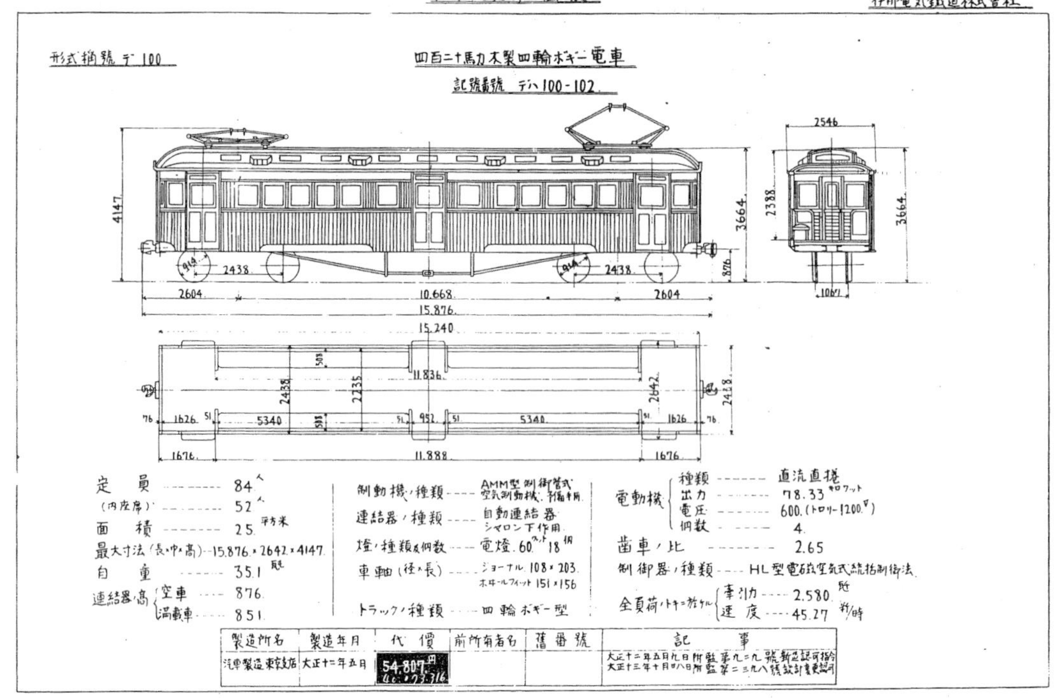

車輌竣工図表 伊那電気鉄道デ100形　　　　提供：名取紀之

column 国電／JR電車の始祖も「買収院電」

現在のJR電車（鉄道院の院電・鉄道省の省電・日本国有鉄道の国電）の始祖は、JR中央線の一部をなす「甲武鉄道」が、1904（明治37）年8月に飯田町〜中野間を電化して、電車運転を開始したのに始まる。同社は1906（明治39）年10月1日に国に買収されて「中央線」となった。電化時に導入された車輌は全長約10mの小型の2軸単車だったが、総括制御機能と連結器を装備して連結運転が可能で、自動信号機の採用もあって、当時の路面電車に比し先進的な路線であった。

国有化の時点では28輌が引き継がれたが、記号・番号はそのまま使用された。1910（明治43）年に車輌形式称号規程が制定され、ニデ950・デ960・デ963の3形式となった。その後ボギー車の登場で淘汰の対象となり、電装機器を新製車に譲り、客車として信濃鉄道（大糸線の一部）、佐久鉄道（小海線）、三河鉄道（名鉄三河線）、南薩鉄道に払い下げられた。

信濃鉄道は16輌を譲り受け、客車として使用した。これらの車輌は1925（大正14）年の電化開業時に廃車されたが、うち2輌が筑摩鉄道（→松本電気鉄道→アルピコ交通）に譲渡され、ハフ1・2となった。1932（昭和7）年には荷物室を設置し、ハニフ1・2となった。このうちハニフ1は1949（昭和24）年に休車、1955（昭和30）年に廃車されたが、新村車庫で保存されていた。国鉄との間で譲渡交渉が続いたがまとまらず、鉄道友の会長野支部による保存運動が続けられた。2007（平成19）年にJR東日本の「鉄道博物館」で展示が決まり、寄贈されて同館で元デ963形・「ハニフ1」として、展示保存されている。

松本電鉄ハニフ1。国電・JR電車の始祖は、信濃鉄道から松本電鉄に移り、廃車後も大切に保管されていた。写真はJR東日本への返還式の日。　2007.3.4　新村車庫

モハ20005(旧信濃鉄道デハ6)。1926年1月の電車運転開始時から使用されていた木造省電型。製造年により5輌中3輌は妻面中央窓高さが高く、アンチクライマーがない。長野電鉄へ譲渡されモハ1→モハ1101(鋼体化)となった。
1952.7.31　松本

4.9 信濃鉄道(→元大糸南線・JR東日本大糸線)

JR大糸線の南部区間である松本～信濃大町間の前身で、現在の第三セクターの「しなの鉄道」とは全く別の鉄道である。松本から糸魚川への「塩の道・糸魚川街道」沿いに鉄道が企画され、1912(明治45)年に会社が設立された。1915(大正4)年に松本市(現・北松本)～豊科間を蒸気鉄道として開業した。1916(大正5)年に豊科～信濃大町間、松本駅～北松本間を開業した。1926(大正15)年に直流1,500Vで電化され、17m級3扉のいわゆる"木造省電型"車輌を製造した。信濃大町以北は国の手で、南北双方から「大糸南線」・「大糸北線」として建設が進められていた。

信濃鉄道は1937(昭和12)年に、本州横断の重要路線として買収された。松本～糸魚川間の全線開通は、戦時中の工事中断もあって戦後の1957(昭和32)年で、この時に「大糸線」へ改称された。分割民営化(JR化)により電化区間の終点南小谷までがJR東日本、以北がJR西日本に分断された。

蒸気鉄道時代に、客車として使用された旧甲武鉄道の4輪単車の電車の1輌が、隣接する筑摩鉄道(→松本電鉄、現・アルピコ交通)に譲渡され、同社で廃車後もハニフ1として保存されていたが、JR東日本に返還され、復元されて「鉄道博物館」で保存展示されている。

■信濃鉄道の車輌

買収時の引継ぎ車輌は、1926～1927(大正15～昭和2)年に製造された3形式10輌で、すべて日車(本店)製である。うち2輌は傍系の池田鉄道から譲り受けた車輌が含まれている。買収時に鉄道省の制式称号が与えられた。

モハユニ3100(旧信濃鉄道デハユニ1)。電装解除でクハユニ7100とされた後、長電に譲渡されクハニ61→モハ1102(鋼体化)とされた。道路が未整備で宅配便の無い時代には、合造車「ユ・ニ」は鉄道会社に不可欠な存在だった。
1954.3.5　松本

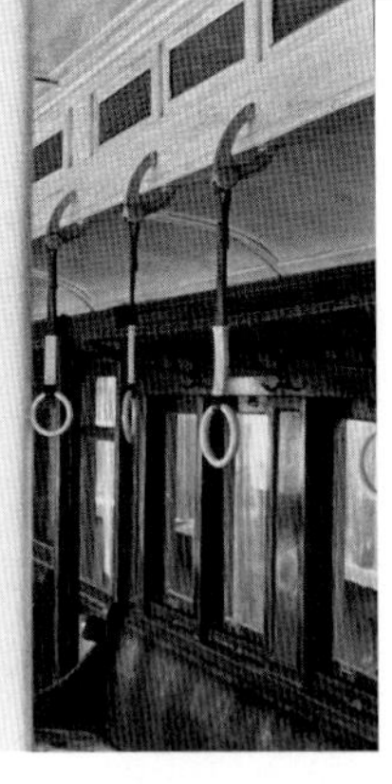

クハ5100(旧信濃鉄道ホハ1、クハ29001→クハ5100)室内。信濃鉄道引継ぎ車は手入れが良く、当時の国鉄の残存木造車サハ25等に比べて、車体のゆるみもなく程度が良かった。
1954.3.5　松本

○デハ1形(デハ1～3・5・6)
→モハ20形(モハ20001～20005)

デハ1・3は池田鉄道譲り受けの二代目、初代1・3はホハ2・3に改造された。1949(昭和24)年にモハ20003はクハ化され、クハ29013となった。1953(昭和28)年称号改正で、モハ1100形(1100～1103)となった。1954(昭和29)年に1102がクハ化され、クハ5110となった。

○デハユニ1形(デハユニ1・2)
→モハユニ21形(21001・21002)

1951(昭和26)年に21002が廃車された。称号改正ではモハユニ3100形3100に、1954(昭和29)年には電装解除されクハユニ7100形7100となった。

クハ5100。クハは買収時3輌であったが、モハ1102の電装解除でクハ5110(後の5100)が加わった。当車は後に長電クハ51→クハ1151(鋼体化)となる。
1954.3.5　松本

○ホハ1形(1～3)→クハ29形(29001～29003)

1949(昭和24)年に29013が加わったが1951(昭和26)年に廃車、称号改正時には、3輌がクハ5100形

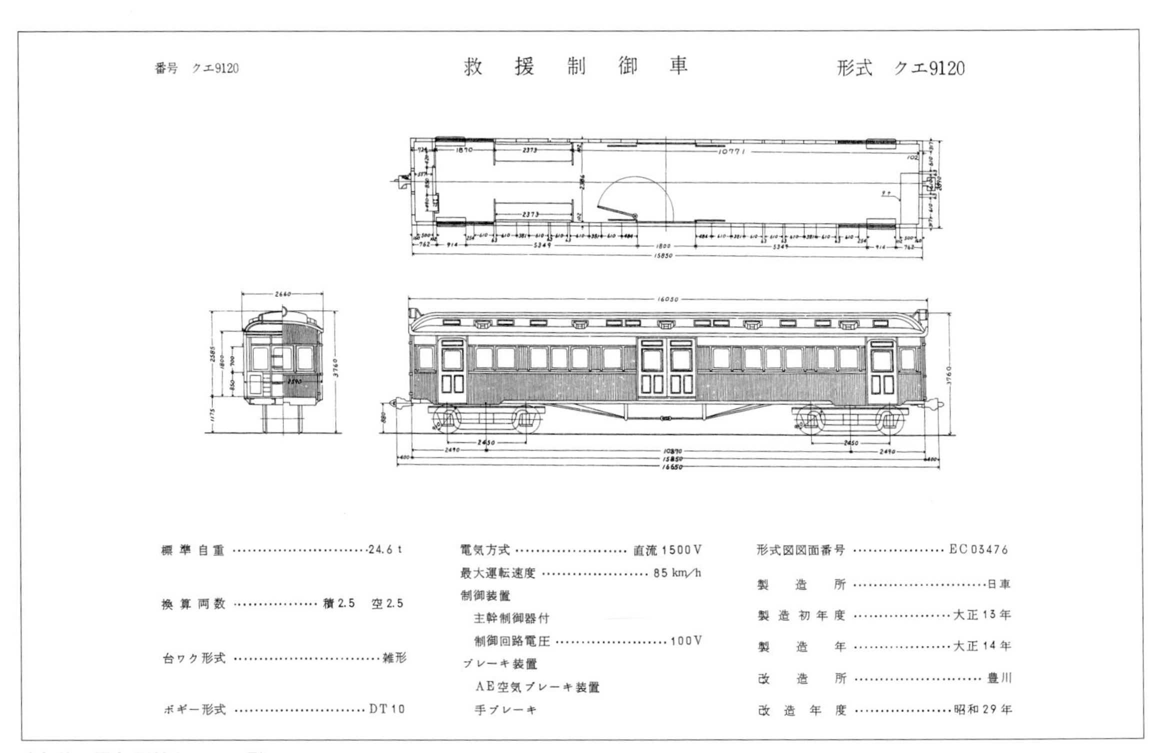

番号　クエ9120　　救援制御車　　形式　クエ9120

標準自重 …………24.6 t	電気方式 ………… 直流1500V	形式図図面番号 ………… EC03476
換算両数 ………… 積2.5　空2.5	最大運転速度 ………… 85 km/h	製造所 …………日車
台ワク形式 …………雑形	制御装置	製造初年度 …………大正13年
ボギー形式 …………DT10	主幹制御器付	製造年 …………大正14年
	制御回路電圧 …………100V	改造所 ………… 豊川
	ブレーキ装置	改造年度 …………昭和29年
	AE空気ブレーキ装置	
	手ブレーキ	

車輌竣工図表 国鉄クエ9120形

クエ9120(旧信濃鉄道ホハ3、クハ29003→クハ5102)。初代クエ9120が1954年に火災で焼失したため、代替としてクハ5102の車体の中央扉を1,800mmに拡幅して流用した。
1955.5　富士電車区

(5100～5102)となった。1954(昭和29)年に全車廃車されたが、5102の廃車体は豊川分工場で全焼したクエ9120と振り替えられ1963(昭和38)年まで在籍した。

同社の車輌は手入れが良く、1950年代でも国鉄型とともに活躍していた。スキーや登山で松本を通る際、列車待ちの間に手軽に撮影できた。沿線風景の美しい安曇野や、姫川沿いの谷間を行く、C56に牽かれた直行列車も大きな魅力でよく訪れた。

国鉄型車輌は当初の17m級から、40・51系主体に、モハユニ44・61形、クモユニ81形、半流モハ43形、格下げサロ45(→サハ45)形が彩を添えた。さらに優等列車には58系DC、165・183・381・E351・E257・383系、一般用は115系、客車列車はキハ52形に代わり、現在は127系100番代・211系が、特急列車にはE353系が、JR西日本区間にはキハ120形が活躍している。

上毛電気鉄道デハ801(旧信濃鉄道デハ2、モハ20002→モハ1101)。上毛譲渡後の1962年に台枠を延長して鋼体化改造された。
1974.9.15　大胡

長野電鉄モハ1101＋モハ1102＋クハ1151(旧信濃鉄道デハ6・デハユニ1・ホハ1)。鋼体化改造された近代的な3輌固定編成は、ラッシュ時に威力を発揮した。
1975.5.10　須坂車庫

■私鉄買収国電一覧表 信濃鉄道

形　式	製造年	構造	輌数	買収時車号	改正後称号	改造・称号改正	廃車	譲渡時称号	譲渡先・称号	改造等	廃車	備　考
デハ1	1926	木造ダブルルーフ	5	デハ1 →モハ20001	モハ1100	—	1955	モハ1100	上田丸子モハ5263	モハ5363 →モハ5371	1985	二代目 旧池田デハ1 初代は火災事故廃車
	1925			デハ2 →モハ20002	モハ1101	—	1955	モハ1101	上毛デハ801	—	1981	
	1926			デハ3 →モハ20003	—	モハ20003 →クハ29013	1951	クハ29013	松本クハ16	→クハ102 (鋼体化)	1986	旧池田デハ2
	1927			デハ5 →モハ20004	モハ1102	モハ1102 →クハ5110	1954	クハ5100 (番号書換)	上田丸子モハ5262	—	1986	
	1927			デハ6 →モハ20005	モハ1103	—	1955	モハ1103	長電モハ1	→モハ1101 (鋼体化)	1999	→豊鉄モ1811
デハユニ1	1925	木造ダブルルーフ	2	デハユニ1 →モハユニ21001	モハユニ3100	クハユニ7100	1955	クハユニ7100	長電クハニ61	→モハ1102 (鋼体化)	1995	→伊予モハ603
	1925			デハユニ2 →モハユニ21002	—	—	1951	モハユニ21002	上信デハ12	—	1970	
ホハ1	1926	木造ダブルルーフ	3	ホハ1 →クハ29001	クハ5100	クハ5110 (番号書換)	1954	クハ5110	長電クハ51	→クハ1151 (鋼体化)	1997	→豊鉄ク2811
	1925			デハ3→ホハ2 →クハ29002	クハ5101	—	1954	クハ5101	上田丸子クハ262	—	1961	
	1925			デハ4→デハ7→ホハ3 →クハ29003	クハ5102	クエ9120	1954	—	—	—	1963	車体振替

岳南鉄道クハ21(富岩鉄道→富山地方鉄道→鉄道省セミボ21)。カーブを描いた前面に5枚窓が特徴の車輌。
1964.9.23　岳南江尾　P：荻原二郎

4.10　富山地方鉄道 富岩線(→JR西日本 富山港線→富山ライトレール)

富山市の神通川河口の岩瀬浜港と市の中心を結んでいた「富岩鉄道」は、1924(大正13)年に開業した直流600V、1,067mm軌間の電気鉄道である。1941(昭和16)年に「富山電気鉄道」と合併し、さらに戦時中の交通統制により、1943(昭和18)年に地域の他の交通事業者とともに、富山電気鉄道を中心とした「富山地方鉄道」に統合され、同社の「富岩線」となった。

しかし、国は中国大陸との連絡港と軍需工業地区の重要性から、1943(昭和18)年に「富岩線」を買収し、「富山港線」となった。1967(昭和42)年に直流のまま1,500Vに昇圧した。北陸本線は交流電化済みであったため、仙石線とともに「直流電化の孤島状態」となった。国有時の引継ぎ電車は、わずか4輌で戦後は小型車のためいち早く廃車され、木造国電や南武、鶴見などの買収国電が転入した。1963(昭和38)年4月1日の城川原電車区の配置車は13輌(クモハ2020形：2輌、2010形：2輌、2000形：4輌、1310形：1輌、クハ5500形：4輌)で、昇圧まで使用された。

1,500V昇圧後は青22号塗色の72系が転入して1985(昭和60)年まで活躍、全国最後の72系営業線区であった。その後は交直流475系が使用され、また後年は日中の閑散時には合理化のために単行のキハ120形も使用され、運転間隔は60分程度に減便されていた。

新幹線建設に伴う富山駅高架化に関連して、富山港線の存続問題が検討された。2004(平成16)年、第3セ

加越能鉄道ボ1(富岩鉄道→富山地方鉄道→鉄道省ボ1)。窓の装飾が優雅な木造車輌。
1966.5.4　米島　P：荻原二郎

静岡鉄道クハ7(富岩鉄道→富山地方鉄道→鉄道省セミボ20)。客窓上の装飾が特徴的。　1958.5.9　静清線 新静岡　P：荻原二郎

クター化と路面電車化が決定され、2006(平成18)年「富山ライトレール」として開業し、運転間隔は15分となって利便性が向上した。なお、LRT化に際し再度直流600Vに変更されている。近く富山地鉄市内線との直通運転を行うとともに、2022(令和4)年度には同社に吸収合併される予定である。

■富岩鉄道の車輌

○ボ1形　ボ1・2

木造で車長12m級、前面は丸型5枚窓で上端はアーチ状、2枚ごとの客室窓上にはアーチ状の飾り窓を持つ。台車はホイールベースの短い路面電車タイプ。1948(昭和23)年廃車、富山地鉄に払下げ。

○セミボ20形　セミボ20・21

セミボとは半鋼製ボギー車の意味。大阪鉄工製20はボ1形似の13.5m車で窓が1組多い。前面窓上端は直線状。21は日車製で、片側に荷物室を設置のためドア位置が異なり、側面窓上の飾り窓も角型と形態が全く異なっていた。クハ5400・5401に改番予定だったが直前に廃車され、静岡鉄道・岳南鉄道に払い下げられた。

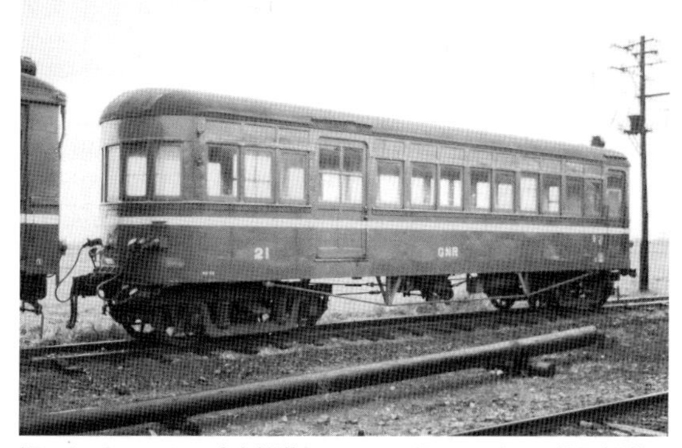

旧セミボ21である岳南鉄道クハ21は、旧セミボ20の静岡鉄道クハ7とは客扉の配置が異なる。写真は連結面側。
1964.9.23　岳南江尾　P：荻原二郎

■私鉄買収国電一覧表 富山地方鉄道富岩線

形　式	製造年	構造	輌数	買収時車号	改正後称号	改造・称号改正	廃車	譲渡時称号	譲渡先・称号	改造等	廃車	備　考
ボ1	1924	木造	2	ボ1	—	—	1948	ボ1	富山地鉄ボ1	加越能ボ1	1971	前面R付5枚窓
	1924			ボ2	—	—	1948	ボ2	富山地鉄ボ2	→除雪車	1980	
セミボ20	1927	半鋼	1	セミボ20	クハ5400予定	改番前に廃車	1953	セミボ20	静岡クハ7	—	1965	前面R付5枚窓
	1928	半鋼	1	セミボ21	クハ5401予定	改番前に廃車	1953	セミボ21	岳南クハ21	—	1968	
ハ3	1928	木造	2	ハ3 →ハ1163	—	—	1947	—	—	—	—	単車
				ハ4 →ハ1164	—	—	1947	—	—	—	—	単車

モヨ105(旧阪和電鉄、後のモハ2205→モハ20055)。全鋼製19m級車体・転換クロス・2パンタの阪和の高性能車は、新京阪デイ100・参急モ2200・南海2001形と並ぶ関西私鉄の大スターだった。 1952.8.13 天王寺

4.11 阪和電気鉄道（→南海鉄道・山手線→JR西日本 阪和線）

今では大阪と紀伊半島・関西空港を結ぶ JR西日本の重要幹線となった、阪和線の前身である。関西地区では一般的に都市間連絡に複数の鉄道路線があるが、大阪～和歌山間には当初「南海鉄道」があるのみであった。そこでもう１本の鉄道が企画され、1926(大正15) 年会社設立、1929(昭和4) 年天王寺～和泉府中間と羽衣支線が開業した。翌1930(昭和5) 年には東和歌山(現・和歌山)までの全線が開業した。

阪和電鉄の建設には、当初京阪電鉄が関わり、同社の新京阪線(現・阪急京都線)並みの標準軌の高規格路線を計画したが、鉄道省線との貨物列車の直通と、将来の買収を考慮した国の意向もあって1,067mm軌間で建設された。開通後は南海との間でサービスとスピードの激しい競争が始まり、当時日本一のスピードを誇る「超特急」や、鉄道省の客車を電車がけん引し紀勢本線へ直通する「黒潮号」の運転を行った。しかし経済不況と、高速運転を目指して人家の少ない地区を直線状に結んだ結果、乗客数が増えず、また認可条件とされた天王寺駅への乗り入れ工事の建設費もかさんで、経営は極めて苦しかった。戦時色が強まる中で、鉄道省は両社の無用な競争は紀勢本線の運用上も望ましくないとして、南海と阪和の合併を働きかけた。

1940(昭和15) 年に合併が実現し、阪和電気鉄道は「南海鉄道山手線」となった。それも束の間、1944(昭和19) 年5月には国に買収されて「阪和線」となった。買収理由は大阪と紀勢本線の貨物輸送の一元化とされていた。買収時の引継ぎ車輌は、電車が75輌と大規模なもので、その車輌も19m級の全鋼製車で、200馬力(150kW) 主電動機を搭載し、AMU式制動装置・大きなパンタグラフを装備した先進車輌だった。

戦時中は乗客が急増して混雑が激しくなり、車輌増備を図ったが資材と労働力の不足から落成は戦後になり、しかも主電動機が調達できずに、モタ3000形は

クハ6200(旧阪和電鉄クヨ501、後のクハ25050)。モヨ100形と同型の制御車で、同社の「超特急」のスピード記録は、戦後の151系「こだま」まで破られなかった。 1954.4.9 鳳電車区

モタ327(後のモハ2234→モハ20024)。モタ300は、モヨ100形と同一性能の3扉ロングシート車で、同社の主力車輌だった。
1952.8.13　鳳電車区

制御車のクタ3000形として出場した。また南海は買収に際し補修機材を引き揚げたため、保守がままならず、戦後の酷使と合わせて車輌の荒廃は危機的状態となり、一時は動けない電車を電機が牽引する列車も運転された。

しかしその後はモハ63形を含む省型車輌の投入で復興が進み、1950(昭和25)年には、本線急電の座を80系湘南型に譲ったモハ52流電一族が転入し、料金不要の「特急」「急行」として活躍したが、1957(昭和32)年に新製70系と交代した。沿線の開発で2扉車では対応できずに、モハ60などの3扉車からさらに72系・103系の4扉車に代わった。快速用は113系・223系・225系に代わり、現在一般車はすべて3扉クロスシート車で運用されている。

■阪和電鉄の車輌

阪和の車輌は省型車輌と混結できなかったことから、省型機器への装備改造が行われ、更新修繕で片運化・運転室拡大、密連化、2扉車の3扉化改造、3000・7000形への雨樋取付け、グローブベンチレーター化などが行われた。1953(昭和28)年の称号改正ではモハ2200代・クハ6200代の雑型4桁番号となったが、1959(昭和34)年の改正時には国鉄の制式称号クモハ20・クハ25形となった。標準化改造後は国鉄型車輌と混結され、一時は片町線などにも進出して使用され、全車が国鉄型車輌に伍して1968(昭和43)年まで活躍したのちに廃車された。

阪和電鉄引継ぎ車輌は、①創業時の車輌、②その後の増備車、③南海鉄道仕様車に大別される。形式の付け方も独特で、「ヨ」:横座席(クロスシート)、「タ」:縦座席(ロングシート)、「テ」:手荷物、「カ」:貨物をそれぞれ表していた。

①グループ

○モヨ100形(モヨ101～107)・クヨ500形(クヨ501～506):1930(昭和5)年製の2扉クロスシート車

○モタ300形(モタ301～330)・クテ700形(クテ701～704)・クタ750形(クタ751):3扉ロングシート車

○モカ2000形 (モカ2001・2002)　貨物用

モハ2214(旧阪和モタ305、後のモハ20004)。更新修繕前の姿は、原型の面影を多分に留めていた。
1954.4.9　天王寺

モハ2250(旧阪和モタ3001、後のモハ20100)。張り上げ屋根、ドア上部に水切り付きのこの流麗なスタイルは、クタ7000形と共に最初の各２輌のみであった。
1954.4.9　鳳電車区

クハ6254(旧阪和クタ7005、後のクハ25104)ほか。初期の更新修繕施行車で、当初は雨樋が上部に付けられていたが、再度の更新で普通位置に変更された。
1954.4.9　鳳

※モヨ・モタは両運転台、クヨ・クテは片運転台
②グループ
○モタ3000形(モタ3001・3002)：クタ3001、3002で出場、1942(昭和17)年電動車化
○クタ7000形(クタ7001、7002)：1941(昭和16)年製3扉ロングシート、ノーシル・ノーヘッダー、張り上げ屋根
○クタ3000形(クタ3003～3007)：1942(昭和17)年製、普通屋根。
○クタ7000形(クタ7003～7013)：1942～1943(昭和17～18)年製普通屋根。
クタ3000形は主電動機不足で制御車で出場、3003・3004のみ1944(昭和19)年に電動車化。
③グループ
○クタ600形(クタ601～606)：1942(昭和17)年製。2扉半鋼車・南海仕様で、妻面屋根の両側に南海型ベンチレーターが付くのが特徴。

■1950年代の阪和線

私が阪和線を何回か訪れたうち、最初は1952(昭和27)年、次回は1954(昭和29)年であった。目的は同線を走っていた「半流43形」を見ることだった。当時唯一の情報源であった『鉄道模型趣味』誌の『別冊TMSスタイルブック』に載っていた図面と解説文に魅せられて、当時の鳳電車区東和歌山支区を訪ねたのであった。憧れの阪和特急色の半流モハ43形と、乗務員ドア未設置のモハ52形(次回の訪問時にはグロベン・雨樋付に大きく変貌していた)を記録できた。

阪和型車輌にも初めての対面であったが、未更新の堂々としたモヨ100形と、ヨーロッパ風の流麗なスタイルのモタ3000形・クタ7000形に魅せられて、少ないフィルムのコマ数を気にしながらの記録であった。

これら阪和型車輌も、2扉車の3扉化と運転室の拡張・片運化、グローブ型ベンチレーター化と更新修繕で大きな形態変化を受け、最後には朱色塗色とあって、その魅力を失ってしまった。しかし、その全鋼製という構造から更新後も全車が健在で、廃車時期を迎えるまでその任務を全うしたのだった。

クタ601(後のクハ6210→クハ25200)。南海仕様の2扉車で、モハ2001と同形。妻面の屋根両脇の通風器が特徴であった。後に3扉に改造された。
1952.8.13　天王寺

モカ2001(旧阪和電鉄モカ2001、後のモニ3200)。買収国電で唯一の貨物用車輌であった。荷物電車化で窓増設、吊り戸の引戸化、パンタのPS13化を行い、宇部線に転じて1958年まで使用された。 1952. 8.13　天王寺

■私鉄買収国電一覧表　阪和電鉄・南海鉄道(山手線)

形　式	製造年	構造	輛数	買収時車号	改正後称号	改造・称号改正	廃車	譲渡時称号	譲渡先・称号	改造等	廃車	備　考
モヨ100	1930	全鋼	7	モヨ101	モハ2200	クモハ20050	1967	—	—	—	—	
				モヨ102	モハ2201	クモハ20051	1967	—	—	—	—	
				モヨ103 →クヨ507	クハ6206	クハ25056	1967	—	—	—	—	
				モヨ104	モハ2202	クモハ20052	1966	クモハ 20052	松尾鉱業クモハ 201	弘南モハ2025 →クハ2025	1989	
				モヨ105	モハ2203	クモハ20053	1967	—	—	—	—	
				モヨ106	モハ2204	クモハ20054	1966	クモハ 20054	松尾鉱業クモハ 202	弘南モハ2026 →クハ2026	1989	
				モヨ107	モハ2205	クモハ20055	1967	—	—	—	—	
モタ300	1929	全鋼	30	モタ301	モハ2210	クモハ20000	1967	—	—	—	—	
				モタ302	モハ2211	クモハ20001	1967	—	—	—	—	
				モタ303	モハ2212	クモハ20002	1967	—	—	—	—	
				モタ304	モハ2213	クモハ20003	1966	—	—	—	—	
				モタ305	モハ2214	クモハ20004	1966	—	—	—	—	
				モタ306	モハ2215	クモハ20005	1966	—	—	—	—	
				モタ307 →クハ752	クハ6231	クハ25005	1967	—	—	—	—	火災事故休車 1952年吹田工場改造名義
				モタ308	モハ2216	クモハ20006	1966	—	—	—	—	
				モタ309	モハ2217	クモハ20007	1967	—	—	—	—	
				モタ310	モハ2218	クモハ20008	1968	—	—	—	—	
				モタ311	モハ2219	クモハ20009	1967	—	—	—	—	
				モタ312	モハ2220	クモハ20010	1968	—	—	—	—	
				モタ313	—	事故	1948	—	—	—	—	
				モタ314	モハ2221	クモハ20011	1966	—	—	—	—	
				モタ315	モハ2222	クモハ20012	1968	—	—	—	—	
	1929			モタ316	モハ2223	クモハ20013	1967	—	—	—	—	
	1929			モタ317	モハ2224	クモハ20014	1967	—	—	—	—	
	1930			モタ318	モハ2225	クモハ20015	1967	—	—	—	—	
				モタ319	モハ2226	クモハ20016	1967	—	—	—	—	
				モタ320	モハ2227	クモハ20017	1967	—	—	—	—	
	1929			モタ321	モハ2228	クモハ20018	1966	—	—	—	—	
				モタ322	モハ2229	クモハ20019	1967	—	—	—	—	
	1934			モタ323	モハ2230	クモハ20020	1968	—	—	—	—	
				モタ324	モハ2231	クモハ20021	1968	—	—	—	—	
	1935			モタ325	モハ2232	クモハ20022	1968	—	—	—	—	
				モタ326	モハ2233	クモハ20023	1968	—	—	—	—	
				モタ327	モハ2234	クモハ20024	1967	—	—	—	—	
	1937			モタ328	モハ2235	クモハ20025	1967	—	—	—	—	
				モタ329	モハ2236	クモハ20026	1968	—	—	—	—	
	1937			モタ330	モハ2237	クモハ20027	1967	—	—	—	—	
モタ3000	1941	全鋼	7	モタ3001	モハ2250	クモハ20100	1967	—	—	—	—	張り上げ屋根
				モタ3002	モハ2251	クモハ20101	1967	—	—	—	—	張り上げ屋根
	1942			クタ3003 →モタ3003	モハ2252	クモハ20102	1967	—	—	—	—	資材不足でクタとして出場 1944年電装モタ化
				クタ3004 →モタ3004	モハ2253	クモハ20103	1967	—	—	—	—	資材不足でクタとして出場 1945年電装モタ化
クタ3000	1942			クタ3005	クハ6240	クハ25113	1967	—	—	—	—	資材不足でクタとして出場
				クタ3006	クハ6241	クハ25114	1966	—	—	—	—	資材不足でクタとして出場
				クタ3007	クハ6242	クハ25115	1967	—	—	—	—	資材不足でクタとして出場
クヨ500	1930	全鋼	6	クヨ501	クハ6200	クハ25050	1967	—	—	—	—	
				クヨ502	クハ6201	クハ25051	1968	—	—	—	—	
				クヨ503	クハ6202	クハ25052	1968	—	—	—	—	
				クヨ504	クハ6203	クハ25053	1967	—	—	—	—	
				クヨ505	クハ6204	クハ25054	1967	—	—	—	—	
				クヨ506	クハ6205	クハ25055	1967	—	—	—	—	

形式	製造年	構造	輌数	買収時車号	改正後称号	改造・称号改正	廃車	譲渡時称号	譲渡先・称号	改造等	廃車	備考
クタ600	1942	半鋼	5	クタ601	クハ6210	クハ25200	1968	—	—	—	—	南海鉄道仕様
				クタ602	クハ6211	クハ25201	1968	—	—	—	—	南海鐵道仕様
				クタ603	クハ6212	クハ25202	1967	—	—	—	—	南海鐵道仕様
				クタ604	クハ6213	クハ25203	1967	—	—	—	—	南海鐵道仕様
				クタ605	クハ6214	クハ25204	1967	—	—	—	—	南海鐵道仕様
クテ700	1929	全鋼	4	クテ701	クハ6220	クハ25000	1968	—	—	—	—	
				クテ702	クハ6221	クハ25001	1968	—	—	—	—	
				クテ703	クハ6222	クハ25002	1968	—	—	—	—	
				クテ704	クハ6223	クハ25003	1968	—	—	—	—	
クタ750	1935	全鋼	1	クタ751	クハ6230	クハ25004	1968	—	—	—	—	
クタ7000	1941	全鋼	13	クタ7001	クハ6250	クハ25100	1967	—	—	—	—	1958年まで張り上げ屋根
				クタ7002	クハ6251	クハ25101	1967	—	—	—	—	1959年まで張り上げ屋根
	1942			クタ7003	クハ6252	クハ25102	1967	—	—	—	—	
				クタ7004	クハ6253	クハ25103	1967	—	—	—	—	
				クタ7005	クハ6254	クハ25104	1967	—	—	—	—	
				クタ7006	クハ6255	クハ25105	1967	—	—	—	—	
				クタ7007	クハ6256	クハ25106	1966	—	—	—	—	
	1943			クタ7008	クハ6257	クハ25107	1966	—	—	—	—	
				クタ7009	クハ6258	クハ25108	1967	—	—	—	—	
				クタ7010	クハ6259	クハ25109	1967	—	—	—	—	
				クタ7011	クハ6260	クハ25110	1967	—	—	—	—	
				クタ7012	クハ6261	クハ25111	1967	—	—	—	—	
				クタ7013	クハ6262	クハ25112	1967	—	—	—	—	
モカ2000	1929	全鋼	2	モカ2001	モニ3200	—	1959	—	—	—	—	
				モカ2002	モニ3201	—	1958	—	—	—	—	

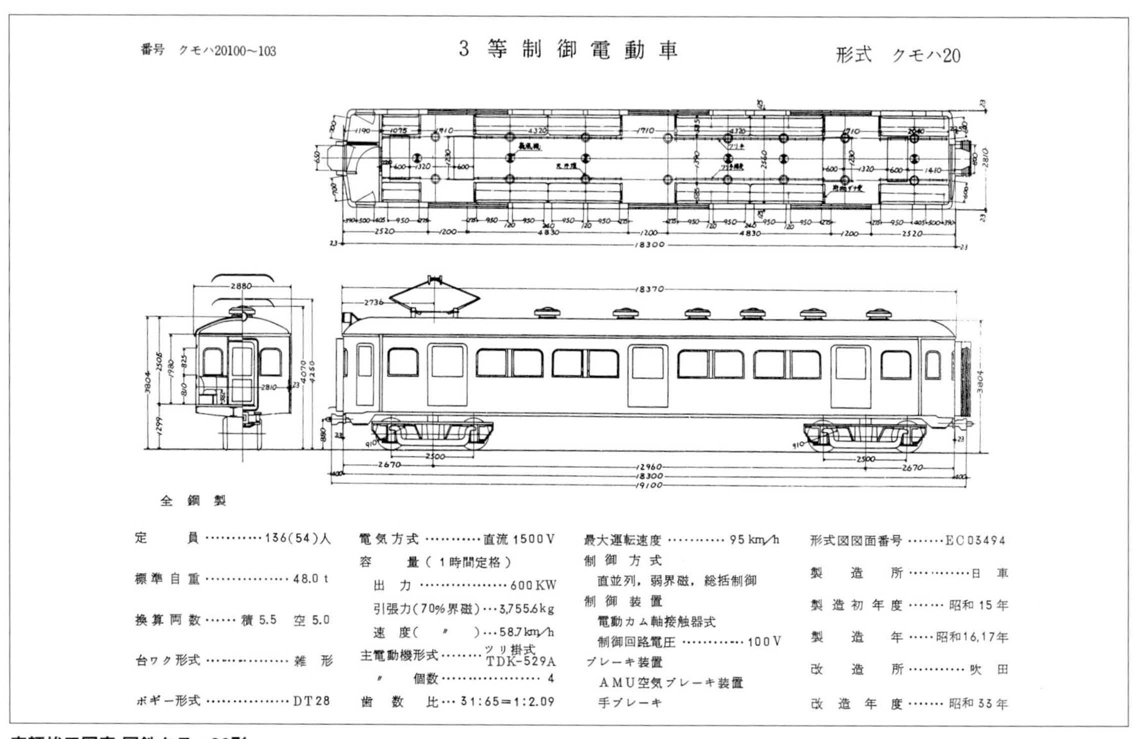

車輌竣工図表 国鉄クモハ20形

阪和電鉄を前身とするモハ2025(旧阪和モヨ104→国鉄クモハ20052→松尾鉱業クモハ201)を先頭とした弘南鉄道弘南線の3連。2輌の阪和型は後に電装解除された。3輌目に旧伊那電気鉄道の合造車クハニ1271が見える。
1976.2.8　弘南線 館田—平賀　P：中島正樹

column　鉄道省の制式称号を名乗った第1次買収車輌

戦前に買収された広浜鉄道(1933年)、信濃鉄道(1937年)、富士身延鉄道(1941年)の3社では、直ちに鉄道省の制式称号が与えられた。これを鉄道趣味者の間で慣用されていた「系」の形で表すと、

広浜鉄道：90系(初代)　モハ90・モハ91・モハニ92の3形式。

富士身延鉄道：93系　モハ93・クハユニ95・クハニ96の3形式。

信濃鉄道：20系(初代)　モハ20・モハユニ21・クハ29の3形式である。

これらの車輌は1953(昭和28)年の形式称号改正で、4桁の「雑型」にまとめられた。その後に「二代目90系」・「二代目20系」・「三代目20系」が登場した。

「二代目90系」は、新性能国電のトップバッターであった。後に101系となるオール電動車のモハ90形が、先頭車500番代・中間車0番代と番代区分で登場した。木造車の「初代20系」は1955(昭和30)年までに老朽廃車され、代わって1958(昭和33)年に「二代目20系」が登場した。後に151系となる「こだま型」で、登場時には形式枠が一杯でやむなく20系のモハ20・モハシ21・サロ25・クハ26の各形式が割当てられた。

1959(昭和34)年5月30日の車輌称号改正で、この両系列は新性能車輌の形式番号の3桁化と、正式に「系」の導入により、それぞれ101系・151系と改称された。

「三代目20系」は、国鉄型機器に換装され、更新修繕を終えて国鉄型車輌と混結が可能となった「旧阪和型車輌」で、クモハ20形・クハ25形である。旧形式は「番代」で区別されている。

なお、戦時買収の第二次・三次の各社では、称号改正の余裕もないまま、私鉄時代の記号番号がそのまま使用され、4桁の国鉄の制式称号が与えられたのは、1953(昭和28)年6月1日の改正時であった。

モハ90501ほか。新性能電車の第一陣である101系は、登場時二代目モハ90形で、車種は番代で区別されていた。東京駅展示会での風景。　1957.7.2　東京

クモハ20054(旧阪和電鉄モヨ106)。国鉄型機器を搭載、グロベン化・3扉化・密連化された旧阪和型は、晴れて三代目20系(クモハ20・クハ25)となった。1964.1.1　和歌山　P：宇野　昭

改番直後の151系「こだま」 151系電車は、登場時には二代目20系(モハ20、モハシ21、サロ25、クハ26)を名乗っていた。
1959.7　東京

モハ90005+90003+90001（旧広浜鉄道8・3・1）の3輌編成。買収国電で最小型のモハ90形の全車が力走。小刻みなジョイント音が聞こえそうだ。
1952.10.22　安芸長束　P：鶴田　裕

4.15　広浜鉄道（→JR西日本 可部線）

現在の可部線の一部である横川～可部間に、大日本軌道広島支社の手で1909（明治42）年に開業した軌間762mmの蒸気軽便鉄道が前身である。

「可部軌道」、「広島電気」を経て、1931（昭和6）年に「広浜鉄道」となった。広島電気の時代に1,067mmに改軌・600V電化された。鉄道省は1933（昭和8）年から広島～可部～加計～本郷間の本郷線の建設を進めていたが、1936（昭和11）年度中に可部～安芸飯室間が部分開業するにあたり、広浜鉄道を買収して一本化することになり、同年9月に買収された。可部以遠は1969（昭和44）年に三段峡まで非電化で開業したが、2003（平成15）年には同区間が廃線となった。その後2017（平成29）年には可部～あき亀山間の1.6kmが電化された上で路線復活している。

もと広浜車は、買収時に省の制式称号モハ90系を得ている。600Vポール集電方式の小型車輌は、他から転入したポールを付けた木造国電モハ1や買収国電とともに1953（昭和28）年まで運用された。その後は73系が配置され、広島直通運転も開始された。新性能化後は105系、103系、115系などが使用されたが、現在は新鋭“RED WING”227系への置き替えが完了した。

■広浜鉄道の車輌

広浜鉄道引継ぎ車は3形式9輌で、買収時に鉄道省の制式記号番号が与えられた。

○モハ90形（モハ90001～90005）
○モハ91形（モハ91001・91002）
○モハニ92形（モハニ92001・92002）→モハ90006・90007

■私鉄買収国電一覧表 広浜鉄道

形式	製造年	構造	輌数	買収時車号	改正後称号	改造・称号改正	廃車	譲渡時称号	譲渡先・称号	改造等	廃車	備考
1	1928	半鋼	5	モハ90001	モハ1000予定（未実施）	1948年パンタ化	1953	モハ90001	熊本モハ73		1978	
2	1928			モハ90002	原爆被災	—	1946	—	—	—	—	
3	1928			モハ90003	モハ1001予定（未実施）	1948年パンタ化	1953	モハ90003	熊本モハ72	—	1980	
5	1928			モハ90004	原爆被災	—	1946	—	—	—	—	
8	1928			モハ90005	モハ1002予定（未実施）	1948年パンタ化	1953	モハ90005	熊本モハ71	構内車	1981	除籍後も保存中
6	1931	半鋼	2	モハ91001	原爆被災	—	1946	—	—	—	—	
7				モハ91002	原爆被災	—	1946	—	—	—	—	
101	1928	半鋼	2	モハニ92001→モハ90006	原爆被災	—	1946	—	—	—	—	
102				モハニ92002→モハ90007	原爆被災	—	1946	—	—	—	—	

熊本電鉄モハ71(元広浜鉄道8→鉄道省モハ90005)。旧広浜鉄道から引き継がれた3形式9輌の買収車の中で、残ったのはモハ90形3輌のみだった。　2005.2.25　北熊本

モハ90・モハニ92形は1928(昭和3)年製の直接制御車、モハ91形は1931(昭和6)年製の間接制御車である。上記9輌のうち6輌が広島原爆で被災して、わずかに工場入場中の2輌と小破の1輌の90形3輌が残るのみだった。

これら3輌は、1948(昭和23)年の750V昇圧時にパンタグラフ(PS13)集電に変更、1953(昭和28)年の称号改正ではモハ1000形を予定されたが、直前に廃車され熊本電鉄に払い下げとなり、モハ71形モハ71(←モハ90005)・モハ72(←モハ90003)・モハ73(←モハ90001)となった。同線では旅客用のほか貨物列車牽引にも使用されたが、1981(昭和56)年のモハ71を最後に廃車された。モハ71は廃車後も、北熊本工場の構内入換に使用され、再整備されて保存されている。原爆投下からすでに74年、当時の生き証人として残ったたった1輌の買収国電は、まさに貴重な記念物と言えよう。

私がモハ71を撮影したのは2005(平成17)年、JR九州800系新幹線の「ローレル賞」贈呈式参加の帰路であっただけに、戦後の荒廃した鉄道と、新時代の新幹線の両方を見聞する身にとって、原爆生き残り車輌の撮影は感慨ひとしおであった。

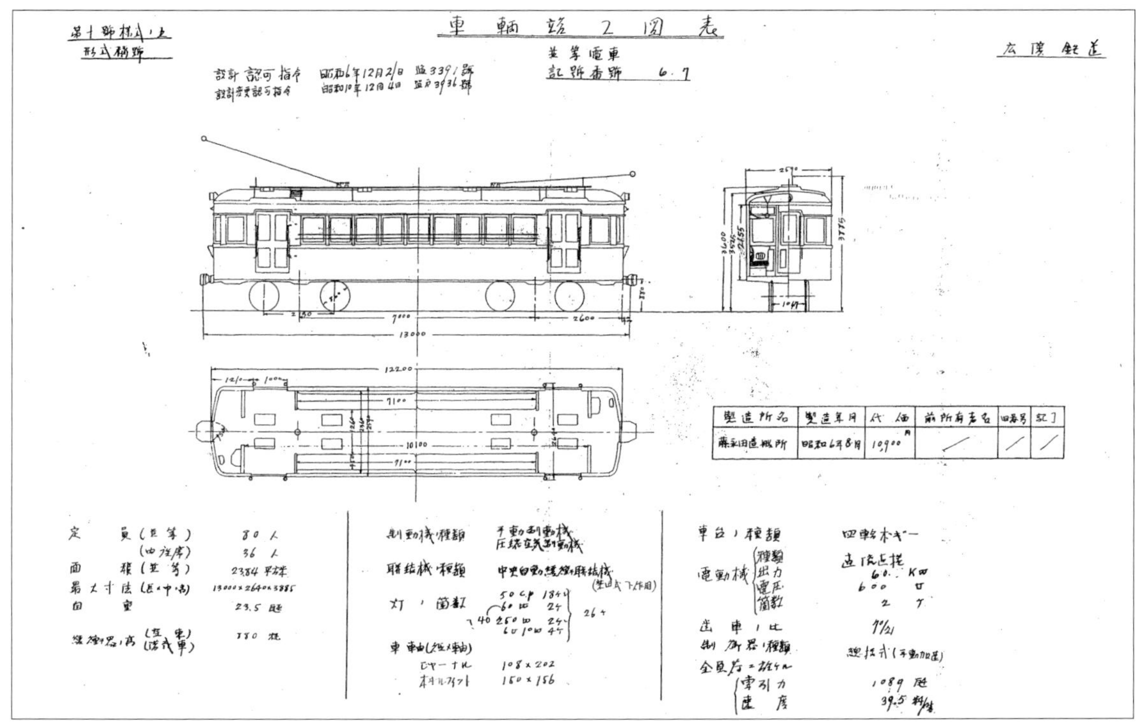

車輌竣工図表 広浜鉄道6・7　　提供：名取紀之

モハ1310(旧宇部鉄道モハ32)。1943年新潟鉄工製のノーシル・ノーヘッダー車だが、クハ5302とともに非対称の窓配置が特徴。1952年片運・連結面貫通化され、国鉄型機器を搭載して、可部、福塩、富山港線で使用された。 1961.5.2 城川原電車区 P:宇野 昭

4.13 宇部鉄道
(→JR西日本 宇部・小野田線)

宇部線・小野田線の前身は宇部軽便鉄道・宇部電気鉄道・小野田鉄道の３社で、宇部軽便鉄道は1914(大正3)年開業、1921(大正10)年宇部鉄道に改称、1929(昭和4)年1,500V電化で電車運転開始した。宇部電気鉄道は1929年に600V電気鉄道として開業、両社は1941(昭和16)年に合併した。一方の小野田鉄道は、1925(大正14)年に小野田軽便鉄道として開業した1,067mmの蒸気鉄道だった。1943(昭和18)年に両社は戦争遂行のための石炭輸送、重要工業地帯、重要港湾施設の輸送強化目的で買収された。

買収後には、複雑な路線の改廃があり、600Vから1,500Vへの統一、旧宇部電鉄系車輌の淘汰、旧宇部鉄道系車輌の転出(富山港線などへ)、買収国電、17m級国電の転入を経て、20m級40系と単行運転を買われてクモハ42形が転入した。クモハ42001は2003(平成

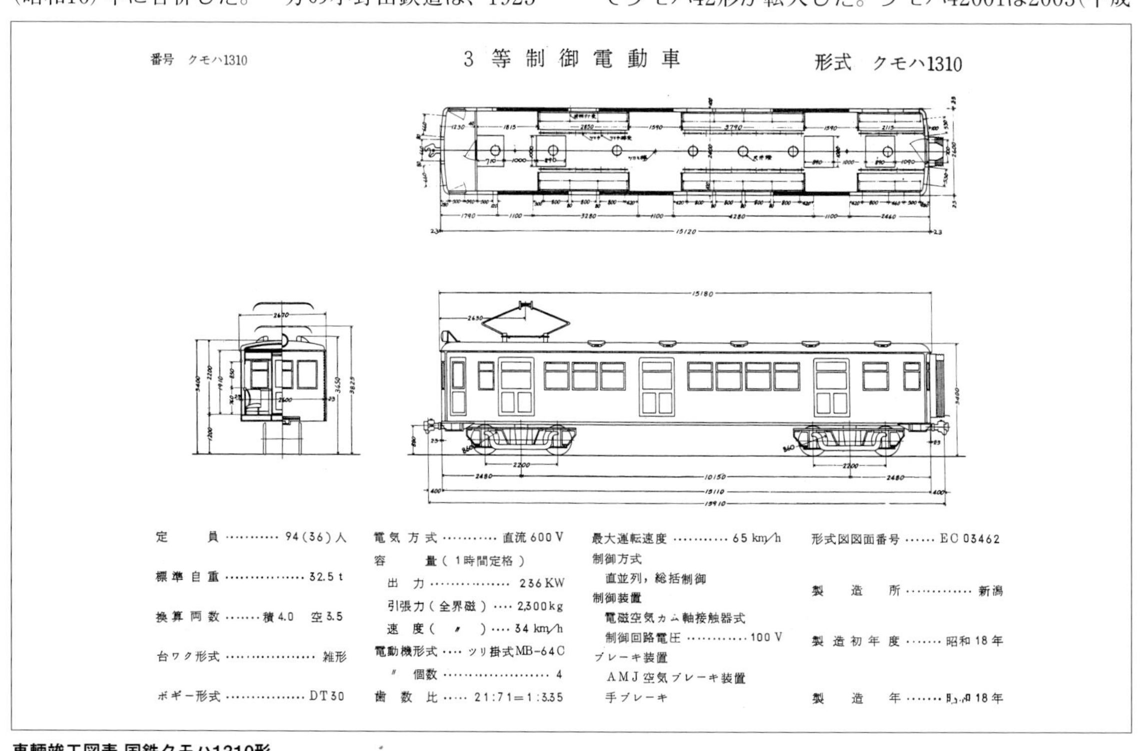

車輌竣工図表 国鉄クモハ1310形

クハ5310(旧宇部電鉄デハニ350)。1949年宇部線昇圧時にクハ化され、福塩線に移り片運化された。1959年に救援車クエ9160に改造、クエ9421に改番された。
1957.3.20　府中電車区
所蔵：高井薫平

15)年3月まで、最後の旧型国電として営業が続けられた。現在は105系・クモハ123形が使用されている。

■宇部鉄道／宇部電気鉄道の車輌

宇部鉄道の引継ぎ車輌は、1,500Vの旧宇部鉄道車が４形式10輌、600Vの旧宇部電鉄車が５形式６輌であった。1953(昭和28)年の称号改正時には、モハ1300形(旧宇部鉄道)とクハ5310形(旧宇部電鉄)が残っていた。なお1950年廃車のデハ１・２は、旧甲武鉄道以来の４輪単車だった。

○モハ1300形(モハ1300～1302)

1929(昭和4)年製の半鋼製2扉ロングシート車　旧形式番号はモハ21形(モハ21、22、24)、1954(昭和29)年富山港線に転出、1956～1958(昭和31～33)年に廃車され、1301・1302が日立電鉄に払い下げられた。モハ1301は1969(昭和44)年に西武所沢工場で更新工事を受けた。さらに1985(昭和60)年に両運化・ワンマン化改造を受けて、旧営団2000系入線の1991(平成3)年まで活躍した。

○クハ5300形(クハ5300・5301)

1930(昭和5)年製半鋼製・両運転台・3扉ロングシート車で、旧形式番号はクハ11形(クハ11・12)、1951(昭和26)年可部線に転出、1954(昭和29)年富山港線に移動し、1957・1958(昭和32・33)年に廃車された。２輌とも日立電鉄に払い下げられ、1300形２輌とともに２輌編成を組み、ラッシュ時の輸送に使用された。

○クハ5300形(クハ5302)

旧形式番号はクハ13で、1943(昭和18)年製の半鋼製　両運３扉ロングシート車で、ノーシル・ノーヘッダー・窓は２段上昇式・側面の窓配置が特異で、中央の客用ドアを挟んで片側が窓３枚、片側が４枚と非対称の側面を持つ。

○クハ5310形(クハ5310)

1940(昭和15)年製のデハニ350形350で、昇圧時に電装解除・荷物室を客室化、1951(昭和26)年福塩線に転出した。

■私鉄買収国電一覧表 宇部鉄道／宇部電気鉄道

形式	製造年	構造	輌数	買収時車号	改正後称号	改造・称号改正	廃車	譲渡時称号	譲渡先・称号	改造等	廃車	備考
モハ21	1929	半鋼	4	モハ21	モハ1300	—	1956	—	—	—	—	
				モハ22	モハ1301	—	1957	モハ1301	日立モハ1301	—	1991	
				モハ23	—	戦災	1946	—	—	—	—	
				モハ24	モハ1302	—	1958	モハ1302	日立モハ1302	—	1979	
モハニ31	1930	半鋼	3	モハニ31	—	戦災	1946	—	—	—	—	
モハ31	1943	半鋼		→モハ32	—	戦災	1946	—	—	—	—	ノーシル・ノーヘッダー
				→モハ33	モハ1310	—	1967	—	—	—	—	ノーシルノーヘッダー 1952年片運化
クハ11	1930	半鋼	3	クハ11	クハ5300	—	1958	クハ5300	日立クハ5300	—	1979	1951年片運化
				クハ12	クハ5301	—	1957	クハ5301	日立クハ5301	—	1985	1951年片運化
	1943			クハ13	クハ5302 →クエ9422	—	1969	—	—	—		ノーシルノーヘッダー 1948年片運化→1960年クエ化
デハ1	1929	木造	2	デハ1	—	—	1947	デハ1	熊本モハ13	—	1954	4輪単車 買収後運用なし
				デハ2	—	—	1947	デハ2	熊本モハ14	→モニ14	1956	4輪単車 買収後運用なし
デハニ101	1930	半鋼	1	デハニ101	—	昇圧・休車	1950	デハニ101	尾道デハニ101	→水間モハ55	1970	旧宇部電気鉄道
デハ201	1930	半鋼	1	デハ201	—	昇圧・休車	1950	デハ201	尾道デハニ201	—	1964	旧宇部電気鉄道
デハニ301	1931	半鋼	1	デハニ301	—	昇圧・休車	1950	デハニ301	尾道デハニ301	→水間モハ56	1969	旧宇部電気鉄道
デハニ350	1940	半鋼	1	デハニ350 →クハ350	クハ5310	クエ9160 →クエ9421	1985	—	—	—	—	旧宇部電気鉄道 1949年片運クハ化 1959年クエ化(パンタ搭載)

おわりに

戦時買収が行われてからすでに75年余が過ぎた現在、そのほとんどの車輌が姿を消してしまった。本書を通じてそれら車輌の、戦後間もない頃の廃車前、もしくはまだ原型を比較的とどめていた姿を、一部でも記録できたことを喜びとするところである。

本書の出版にあたっては、貴重な写真および資料をご提供いただいた、宇野　昭、荻原俊夫、小山政明、風間克美、久保　敏、高井薫平、中島正樹、名取紀之、鶴田　裕、三橋克己（敬称略）の諸氏に深く感謝する次第である。

長谷川　明（鉄道友の会会員）

参考資料：

『旧型国電台帳』沢柳健一・高砂雍郎（1997年ジェー・アール・アール刊）
『国鉄電車発達史』（1978年鉄道図書刊行会刊）
『国鉄電車の歩み』（1968年交友社刊）
『タイムスリップ飯田線』笠原　香・塚本雅啓（2007年大正出版刊）
『私鉄買収国電』佐竹保雄・佐竹　晁（2002年ネコ・パブリッシング刊）
『電車区訪問記1960-1970』林　嶢・三品勝暉（2019年イカロス出版刊）
『飯田線』吉川利明（1997年東海日日新聞社刊）
『鉄道ピクトリアル』各号（電気車研究会刊）
『鉄道ピクトリアル』別冊 各号（電気車研究会刊）
『関西国電50年』（1982年鉄道史資料保存会刊）
『RM LIBRARY 234巻 流鉄（下）』白土貞夫（2019年ネコ・パブリッシング刊）

飯田線クハ6112（旧青梅電鉄クハ507）。交換した列車の最後部は、飯田線で唯一の旧青梅車輌だった。
1953.9　飯田線 山吹